“十三五”普通高等教育规划教材

SHINEI SHEJI GAILUN

室内设计概论

（第二版）

周长亮　周雅　编著

微信扫码关注，加入建筑装饰交流圈，获取本书课件、精美设计案例等资源与服务。

中国电力出版社
CHINA ELECTRIC POWER PRESS

内 容 提 要

本书为“十三五”普通高等教育规划教材。全书共六章，主要内容包括：室内设计知识，室内设计空间创意，室内家具与灯具，室内设计步骤与程序，室内设计技法与设计实践等。书中系统、全面地介绍了室内环境艺术设计的创意理念、基本特征以及相关内容、方法、设计步骤和程序，还有效果图表现等相关知识，并收录了室内设计实践案例。全书图文并茂、浅显易懂。

本书主要作为普通高等院校环境设计、建筑学、城市规划、园林景观等专业教材，也可作为高职高专及函授教育等相关专业教材，还可作为室内装修工程技术人员的参考用书。

图书在版编目（CIP）数据

室内设计概论 / 周长亮，周雅编著 . -- 2 版 . -- 北京：中国电力出版社，2019.8
“十三五”普通高等教育规划教材
ISBN 978-7-5198-3413-5

Ⅰ . ①室… Ⅱ . ①周… ②周… Ⅲ . ①室内装饰设计—高等学校—教材 Ⅳ . ① TU238.2

中国版本图书馆 CIP 数据核字（2019）第 141549 号

出版发行：中国电力出版社
地　　址：北京市东城区北京站西街 19 号（邮政编码 100005）
网　　址：http://www.cepp.sgcc.com.cn
责任编辑：熊荣华（010-63412543）
责任校对：朱丽芳
装帧设计：王红柳
责任印制：吴　迪

印　刷：三河市万龙印装有限公司
版　次：2009 年 2 月第一版　2019 年 8 月第二版
印　次：2019 年 8 月北京第六次印刷
开　本：787 毫米 ×1092 毫米　16 开本
印　张：12.5
字　数：300 千字
定　价：56.00 元

Preface 前 言

本书系统、全面地介绍了室内环境艺术设计的创意理念和基本特征，方法、设计步骤和程序，还有效果图表现等相关知识。书中列举了大量室内设计实践案例，力求图文并茂。在把握现代设计理论知识的基础上，追求科学与艺术并重，同时注重空间环境的整体性（适用功能）、空间的艺术性（风格形式）和心理、视觉、情感的分析，以便准确地了解室内环境艺术设计的创意过程。

本书主要内容概括如下：第一章，室内设计概述。室内设计的概念和室内环境设计与审美观。从室内设计的历史开始，介绍人、建筑与室内环境设计的关系和室内设计师的必备修养等。了解室内设计的概念，分析室内设计的思维、要素和室内设计的内容与目的。了解技术与艺术的结合，发展绿色、环保的生态设计，以科学与艺术相结合的发展观念来审视室内环境艺术设计。第二章，室内设计专业基础知识。介绍了室内设计的基础知识，建筑、装修专业设计及施工专业知识，分析了整体环境的设计思路、功能布局和艺术处理等方面的思考。还有室内环境设计的技术，设备和电气设计等与室内设计紧密相关的技术知识。介绍设计基础、专业设计知识和室内环境技术设计及设备等相关知识。第三章，室内设计空间创意。分别从空间的形态构成、视觉层次、材料构造、光照色彩、装饰品位、意境风格等六个方面进行基础创意设计，探索室内设计的创意方法，着重空间艺术设计的整体性和艺术性的思维模式，从而掌握室内环境艺术设计。第四章，室内家具与灯具。从家具与人体工程学、光照和灯具设计两个方面介绍室内设计的构件，分别介绍了家具材料、人体工程学和家具艺术设计等方面。家具与灯具是一种生活器具，具有实用功能和一定的艺术美感，能够很好地烘托空间气氛。灯具部分讲述了分类和材料使用特点，以及照明光源的区别，使设计师在家具、灯具设计和选择上，具备一定的基本认识。第五章，室内设计步骤与程序。本章从设计前的准备、方案的构思、初步设计和施工图的制作，介绍了设计步骤与程序，以及设计标准和规范还有施工图、构造大样等画法。第六章，室内设计技法与设计实践。本章重点介绍手绘效果图基本技法与表现，并进一步介绍、赏析各类室内空间设计的经典之作。

在当前教学改革，培养宽口径、厚基础、高素质、重特色的复合型人才的形势下，根据教学实践并适应本科段教学需要，特别编写了本书。本书可作为普通高等院校建筑专业、环境艺术专业教材，也可作为大专院校、高职高专或成人函授教育等相关专业教材，还可作为室内装修工程技术人员的参考用书。

中国建筑学会室内设计分会　理事

周长亮

目　录

前　言

第一章　室内设计概述......1

第一节　认识室内设计......1
一、室内设计的历史沿革......1
二、人、建筑与室内环境......6
三、室内设计师的必备修养......8
第二节　室内环境设计的概念......12
一、室内设计的思维......12
二、室内设计的要素......14
三、室内设计的内容与目的......16
第三节　室内环境设计审美观......21
一、技术与艺术的结合......21
二、绿色、环保与生态设计......22
三、科学与艺术发展观......25
本章要点、思考和练习题......31

第二章　室内设计专业基础知识......32

第一节　室内设计基础......32
一、装饰美术基础......32
二、建筑与装修知识......36
三、施工工艺知识......41
第二节　室内设计专业知识......44
一、环境的整体思考......44
二、适用的功能布局......48
三、空间的艺术处理......50
第三节　室内环境技术知识......58
一、了解相关知识......58
二、建筑物理问题......58
三、环境设备系统......61
本章要点、思考和练习题......64

第三章　室内设计空间创意......65

第一节　室内设计的空间构成......65
一、形态塑造......65
二、形象设计......66

第二节　室内设计的视觉中心 72
一、视觉层次 72
二、视觉中心 73
第三节　室内设计的材料构造 79
一、材料选择 79
二、构造设计 80
第四节　室内设计的光照色彩 89
一、光照特征 89
二、色彩设计 91
第五节　室内设计的装饰品位 96
一、壁画与壁饰 96
二、壁画设计 97
第六节　室内设计的意境风格 104
一、当代室内环境艺术设计概论 104
二、中国传统室内设计特征 105
三、从传统而来，向时代中去 107
四、风格流派 108
本章要点、思考和练习题 113

第四章　室内家具与灯具 114

第一节　家具与家具设计 114
一、家具的材料与分类 114
二、人体工程学的应用 121
三、家具设计艺术欣赏 124
第二节　灯具与灯光设计 129
一、灯具材料与分类 129
二、灯光色彩的应用 134
三、灯具设计艺术欣赏 136
本章要点、思考和练习题 140

第五章　室内设计步骤与程序 141

第一节　室内构思概念的设计 141
一、设计的前期准备 141
二、方案的概念设计 142
三、方案的程序设计 147
第二节　室内施工图的设计 149
一、设计标准与规范等 149
二、施工图平、立、剖面图 150
三、施工图构造大样 156
本章要点、思考和练习题 158

第六章　室内设计技法与设计实践 159

第一节　室内手绘艺术设计 159

一、手绘工具及技法 159

二、手绘艺术表现 161

第二节　室内设计实践案例 168

一、居住建筑室内设计（公寓、住宅、别墅、商住楼） 168

二、办公建筑室内设计（办公楼、教育机构、公司） 172

三、商业建筑室内设计（商场超市、餐厅饮食场所、宾馆酒店、娱乐场所） 177

四、公共建筑室内设计（文化场所、交通空间、博物馆） 183

本章要点、思考和练习题 190

参考文献 191

室内设计概述

第一节　认识室内设计

一、室内设计的历史沿革

室内设计的历史沿革是与建筑同步发展的，二者在发展过程中是相互依赖、息息相关的，因而关系十分紧密。室内设计的历史发展是一专门的研究课题，与建筑艺术、科学技术、文学艺术、哲学和美术等发展密切相连，考查其历史浩如烟海，遍布世界各地，内容十分丰富。我们仅从设计艺术的角度来探讨室内环境的设计与方法，对室内设计的沿革、演化作一概括的认识，这有助于我们对当前室内环境设计进行分析与学习。

（一）室内设计的历史简说

早期，人类赖以遮风避雨的居住空间大多是天然山洞、坑穴或者是借自然林木搭起来的简陋的空间。这些天然形成的内部空间毕竟不舒适，人们总是设想着把环境改造一番，以利于生存。于是，最早的室内设计活动便从此开始了。人类“童年”时期所做的“设计”显然是简单、幼稚的。不过，以现在的观点来看，人类的早期作品与后来的某些矫揉造作的设计相比，其单纯、朴实的艺术形象反倒有一种魅力，并不断地启发我们创作的灵感。

自文明史开创以来，人类改造客观世界的能力就在不断地提高。室内设计的历史画卷也随之越来越斑斓多彩了。宗教的出现，需要有进行活动的场所，诸如圣殿、寺庙之类的空间。有了阶级差别后，就必然会产生不同等级的居室空间和从事社会活动的场所。人类要进行物质产品的生产与交流，就自然要求有各种各样的从事生产和商业活动的内部空间。

然而，人类的活动空间绝不是简单的“容器”，而是需要更为抽象的室内空间的“精神功能”。所谓“精神功能”指的是那些为了满足人们心理活动的空间内容，人们往往用“空间气氛”“空间格调”“空间情趣”“空间个性”和“空间创意”等类的术语来解释。实质上，这是一个空间艺术质量的问题，是衡量室内环境设计艺术的重要标准之一。

对于室内设计的历史发展过程，我们大体可分为三个主要阶段来研究。

首先，早期人类解决技术问题的能力和其所拥有的物质工具极为有限，室内设计的成就大多体现在那些无视人的生活感受，仅供奉虚无的偶像和纪念性空间里。历史上遗留下来的大量墓葬和宗教建筑的内部空间，以其不合理的尺度和震撼人心的规模，来体现那个时期的人们的室内环境设计观念。从感情上讲，这种对无视人性、崇拜神灵的纪念性室内空间的追求离现代人的设计观念十分遥远。但是，从技术与艺术的角度来看，那个时期的室内空间在构造和处理手段却为后来的发展打下了基础。

后来，享乐人生的主张在室内设计活动中开始得到重视。在东方，特别是在封建帝王统治下的中国，宫殿、庄园和别墅等内部空间的雕梁画栋，尽显富贵奢华。西方的文艺复兴虽姗姗来迟，但此后也大有后来居上之势，社会财富占有者们开始大兴土木，把教堂、宫廷、别墅均建造得外貌壮观，内部空间也极尽奢华。那个时期的室内空间设计往往追求面面俱到，特别是在可观赏的近距离和手足可及之处，无不雕梁画栋。为了炫耀财富，为了满足感官的舒适和昂贵的材料以及无价的珍宝，众多名贵的艺术品都被带进了室内空间。这类室内设计工艺作品精致、巧妙，大大地丰富了室内设计的内容，给后人留下了一笔丰厚的艺术遗产。但是，在另一方面，那些反映统治阶层趣味的，不惜动用大量昂贵材料堆砌而成的，所谓豪华的内部空间，也给后人植下了一味追求琐碎装饰而忽视空间关系的种子。

再者，在工业革命到来之前的几百年中，那些讲求功能、朴实无华的民居室内空间的艺术风格往往比那些百般造作的楼、台、亭、阁等要实用得多。问题的关键在于对空间美的认识的不同。一些民居室内空间的设计师们注意到了空间的渗透关系，他们的作品告诉我们，人们的生存空间不是孤立的，装饰手法是空间关系的补充，而不是室内空间设计的全部。合理地、充分地利用空间，提高单位空间容量的效益是创造室内空间的重要原则。他们的作品还告诉我们，生活在地球上的人们，不可能脱离自然，过分封闭的室内空间既不美观，又不实用，也不利于人们的生存。

经过不断摸索与实践，人们终于认识到室内空间是一种被美化了的物质环境，是一种艺术与技术结合的产物。生产力的发展，物质产品的相对丰富以及社会文化水平的提高，必然会影响室内设计的观念变化。

第一次工业革命开拓了现代室内设计发展之路，钢材、玻璃、混凝土的使用和大批量生产的纺织品和其他工业产品，以及后来出现的大批量生产的人工合成材料，给设计师们带来了更多的选择可能性。新材料和相应的构造技术极大地丰富了室内设计的学科内容和现代室内空间艺术的理论创作，随着实践活动的开展而日趋完善。在20世纪20年代，一批勇于探索的设计师终于举起了现代室内设计的旗帜，同时，现代室内设计教育也在世界范围内得到发展。

（二）中国传统室内设计之美

中国传统室内设计的特征是以华夏文明的汉族为中心的，它始终保持着完整的体系和特征。中国建筑技术与艺术可以分成几个大的发展阶段；例如，商周（公元前17世纪～公元前11世纪）到秦汉（公元前221～公元8年）时期是其萌芽和成长的阶段；秦朝和西汉是发展的第一个高潮；历经魏晋、隋唐到宋，是其成熟与高峰阶段；盛唐（公元618～907年）至北宋（公元960～1127年）的成就更为辉煌，是第二次高潮；元、明、清是其充实和概括阶段；明朝、盛清（公元1368～1644年）以前是第三次高潮。可以看出，每一次高潮都和伴随着国家的统一，长期安定和文化交流等社会背景，室内设计的发展同样也遵循着这样的规律。

决定室内设计演化的两大因素，一是地理因素，包括地形、地貌、水文和气候等；二是文化因素，包括政治、经济、技术、宗教和风俗习惯等。在上述两大因素中，影响中国传统室内设计演化的主要原因可以概括为三个方面：一是中国地大物博，面积广袤，但边缘环境较为恶劣，因此从社会发展的大方向来看还是过于内向和闭塞；二是古代中国的经济重点是重农抑商，这种经济及其相应的宗法制度直接影响着建筑和室内空间的形式；三是儒家思想影响广泛，儒家所倡导的伦理道德观念几乎渗透了包括建筑在内的所有文化领域。在上述三点中，第一点是地理环境基础，第二点是经济基础，第三点是思想基础，它们决定了中国传统建筑室内设计的大方向，这就使中国传统建筑的室内设计一直表现出浓厚的地域色彩、农业色彩和儒家文化色彩，表现出鲜明的地域性和民族性。

中国传统建筑体系中，单体建筑的室内空间较西方建筑要简单得多，一般是横向间接分隔为封闭式。外部空间比内部空间要丰富得多，明显的特征是单体建筑按轴线对称布局和园林式的自由布局构图，依靠建筑的组群组织而获得庭院的空间变化。中国传统建筑在这方面显现出很高的造诣和成就。虽然传统建筑内部空间表现出单一性，但并没有阻碍人的想象力和创造力，反而为室内设计提供了施展才华的条件。为了在单一的空间中取得丰富的景观效果，古人创造了如此丰富的内檐装修效果构件和多种装修手法，在设计实的实用空间的同时强调虚空间，以突出视觉序列变化，利用隔断、隔罩、门窗和家具陈设营造视觉美感。这些手法的运用，使空间组织与景观构想一致，空间视觉感受效果大大异于西方的风格，表现出本民族的传统室内空间的独特之美。

室内空间的组织首先是分割，利用墙体、板壁、格扇、各种罩等构件对室内空间做封闭的或通透的分割．封闭的分割是为了获得私密性很强的完整空间，利用罩所做的分割其用意是隔而不断、空间仍是流通的、互相渗透的。不同形式的罩有不同的趣味和效果，多个罩的使用为空间获得了层次感。

苏州园林屏风与隔断组成一道花罩格扇，分割了前后两个空间．中央屏风阻挡视线与家具组成视觉中心，两侧可透过花罩欣赏另一间的景色，故宫的金銮殿、储秀宫、漱芳斋都在一个房间内使用不同落地罩、栏杆罩、格扇花罩等，使景观丰富、空间流畅而富有层次变化。

如果说中国古代室内设计有其独特风格和颇高的艺术成就，那么罩的运用是其中的重要因素。罩的运用使室内设计摆脱了呆板的气氛而活了起来，增添了许多生动活泼的趣味，使内部空间获得富有生命力和充满魅力的表现。虚实空间的运用、限定和视觉中心层次的强调，这些对空间的认识是在人们对空间有了更深入地了解后获得的。虚空间的构成，凭借装修构件、家具、陈设或色彩在既有的空间中限定一个不十分明确的空间界面，但却能让人们感到是一定的空间区域。

视觉中心强调的是装修构件、家具、陈设或色彩突出的重点部分，这两种手法的应用往往是互相结合的。故宫养心殿正间是自雍正帝始，皇帝日常办公的地方，这个房间内在地面设有20cm高的地平台，确定了一个正方的底部形状，偏后靠近墙面设御案、宝座、屏风，两侧有角端。这是一个颇具匠心的设计，后部有屏风做背景，地平台前端左右两角各置一个香筒，使台于前部两角的界限沿香筒向上伸延，天花藻井控制整个气氛。

在中国传统室内设计艺术中，相互影响和共融的文学与艺术所追求的意境，在室内环境艺术中同样为建筑艺术家所注重，无论是大型园林或小型的私园，在构思立意上，往往根据绘画和文学的描写造景，表现文学意境，或借书画、匾额引导人们深入领会自然景色。明清园林艺术的高度发展，又为室内环境设计带来了新的景观，透过花窗可借远方的景色，成为一幅山水画，由此得到启发，有意在窗外、门外栽树筑石，借入室内而成为别致的景观。苏州网狮园梯云室，透过长窗看园中奇石，透过花窗看室外芭蕉、石笋竹丛。这种手法较之挂书画的墙面装饰，更富有空间层次和生动的自然景观，使欣赏者通过想象进入情景之中，追求诗情画意。

室内中的书法作品不仅是欣赏的艺术品，而且成为墙面装饰的一部分，中国是一个善用文字、文学来表达意念的国家，建筑物中的匾额和对联常常就是表达建筑内容的手段，引导建筑的欣赏者进入一个诗情画意的世界。不同时代有不同的装饰样式和美学风格，中国传统建筑室内富于装饰美的特点为人们所注重，这是中华民族独有的天性。纵观中国古代艺术史，曾有过许多富有装饰意味的程式化很强的艺术形式，比如绘画、书法、诗词、戏曲等。传统建筑的主要构架、内装修都以木材为主，所以木材的防虫、防腐、防火等便是技术上首要考虑的。审美的考虑也是基于这个发展起来的。木材易于加工的特点，使木雕艺术、彩画形式（和玺、旋子、苏式彩画），得到高度发展，门窗、格扇、罩、梁架之间，家具和其他装修构件上都有雕刻。视觉的观感是一个重要因素，由于传统建筑室内设计有其单一性，远不能满足视觉上的要求，所以大量的装饰应用弥补了空间变化的不足，丰富了视觉感受。

在中国古代建筑室内装饰中，大量使用吉祥图案，是装饰艺术中的一大特点。古代吉祥图案取材广泛，人物神仙、动物植物、自然器物等都有，传统家具造型端庄、丰富，用其谐音字和形象来寓意象征特定意义。如五福的福字，平安如意花瓶中的如意、万福等，长寿仙鹤、富贵牡丹、风竹亮节等。这些富于幻想的浪漫色彩，更多地反映了中国古代文明，在建筑室内环境设计上表现了它特有的道德观念、民俗文化和美的特征。如图1-1-1 ～图1-1-11所示。

图 1-1-1　原始社会建筑室内设计，西安半坡巢居遗址

图 1-1-2　明代故宫金銮殿室内设计

图 1-1-3　故宫金銮殿室内设计

图 1-1-4　苏州拙政园“乐善堂”室内设计

(a)

(b)

图 1-1-5　中国传统室内设计藻井结构和图案设计

图 1-1-6　中国传统室内藻井设计局部

(a)

(b)

(c)

图1-1-7 西方古典各个时期的室内设计

(a)

(b)

图1-1-8 西方古典室内顶棚结构和图案设计局部

图1-1-9 20世纪20～30年代欧式建筑室内设计，现上海工商银行室内设计

图1-1-10　上海中国银行室内设计

图1-1-11　上海外滩商店室内设计

二、人、建筑与室内环境

建筑是人类环境的科学和艺术的过程，我们从空间环境艺术整体设计角度出发，以“人的空间”建筑特征来探析室内环境艺术设计的方法。室内环境设计的根本目的是给人们创造一个舒适的工作与生活环境。现代室内环境设计是集自然科学与社会科学等诸多方面的因素而作出的一种理性的创作活动即人工自然（或称人化自然、第二自然）。

从人类对自然环境的基本认识到环境艺术的发展，现代室内环境艺术设计的思维探索，室内空间环境艺术的设计方法及室内环境设计程序与表现等方面，树立人是主体，环境是客体，“以物质为其用，以精神为其本”的观点，探讨室内空间环境艺术设计的功能性与艺术性。室内环境艺术设计是技术与艺术（建筑师与艺术家）完美的有机统一整体，设计是技术与艺术的结晶。

现代室内环境艺术设计特征

1. 设计概念

一九八一年第十四届国际建筑师协会《华沙宣言》提出：“建筑是人类环境的综合艺术和科学的过程”的观点，它标志着“环境艺术”这一概念已经形成。把建筑视为人类环境艺术和科学创造过程，强调科学与艺术的结合，才是当今建筑思想观念的发展之路。的确，在当今社会多元主义时代，室内环境艺术虽然作为一门独立的学科专业存在，但它的思潮变化与建筑设计及其他艺术门类的思潮变化是同步的，而这些思潮的变化又不仅仅局限于美学领域，它又与整个社会的变化和科学技术相协调，与人类对环境意识的深化密不可分。因而，它促使环境艺术各个研究方向迈向更高的层次。

从世界整体方面来看，现代建筑室内环境艺术的研究发展以北美洲、日本等为主要代表，其理论与实践方面获得了长足的进展。从仅仅注重实用功能（第一代）到注重造型（第二代）；再到注重整体环境（第三代），发展了协调的机能组织，并注意到其综合性，兼容并蓄。涉及了多种学科的交叉，如行为学、生态学、环境心理学、人体工学等，尤其对人与自然环境作了更多的思考。

室内环境设计不是纯欣赏意义上的艺术，它始终和实用联系在一起，其实现与工程技术密切相关。我们可以把环境艺术广义的看作是建筑学、城市景观和城市规划等的组成部分，也可以把建筑学等看作是整体的环境艺术中的组成部分。现代室内环境艺术是综合性的，多种学科的交叉与融合构成了其多层次的复杂性。我们可以再作进一步的理解，即环境艺术是创造人类生活环境的综合艺术与科学的过程。那么，从文化内涵上应更为深入，并应达到物质文明与精神文明的更高层次，更具有艺术特征。

室内环境艺术设计具有复杂性且有别于其他艺术创作，一方面有现代丰富的技术、材料、工艺、灯光变幻等技术美手段的随心所欲的应用，一应俱来，并充分体现了技术美的特点；另一方面，纯艺术作品是经过艺术家自己物化之后，依附于特定的环境之中而产生了新的生命力，当它们和环境结合得恰如其分时，则显得更加光彩夺目，例如壁画、雕塑、挂在墙上或天花上的艺术作品等，还有家具、灯具、织物、陈设等艺术设计，其中很多都来自建筑师、雕塑家、画家、工艺美术家之手，并与建筑环境的实用性因素结合的相得益彰。

所以，室内环境设计的艺术处理必须和建筑材料、结构技术、装修构造结合起来，这是环境艺术赖以生存、实施之必要条件，离开了工程技术就没有完整的室内环境艺术可言。正因为技术工艺过程自身的巧妙运用，达到了“技艺协和”，便升华为艺术，从属于特定环境之中。新的艺术创作极大地丰富了环境艺术的表现力与感染力，赖特的作品之所以感人至深，是因为他的设计把建筑有机地富于构思之中，即整体建筑空间环境的创造具有丰富情趣的空间序列。

室内设计应该是以一个完整的室内“空间环境艺术设计”来加以理解，这应是建筑师、室内设计师、艺术家所重视的，实实在在的“虚”空间环境设计，因为这个“空间”是最有潜力可挖的空间环境。当然，装修装饰及陈设也很重要。装修是指墙面隔断、吊顶、地面、门窗及设备面层修整设计等，是依附在这个空间当中的固定部件；装饰是指室内家具、灯具（光照色彩）、织物、陈设、绿化设计等可搬动的部分。二者都是室内空间环境艺术设计的基本要素，它们各个方面都是相互依赖、不可分割的整体。当考虑空间主要部分时，放在首位的不仅仅是功能关系问题，而是引人入胜的整体空间环境艺术设计的分析。古人有道：“山不在高，有仙则名，水不在深，有龙则灵。”室内空间环境艺术设计也是一样，装修不在繁简，陈设不在多少，有空间环境特色则具有生命力。这或许就是室内空间环境艺术设计的魅力所在。

2. 建筑设计与室内设计

谈室内空间环境艺术设计，自然有必要搞清楚与建筑设计的关系。建筑设计是室内环境设计的基础，室内设计是建筑设计的延续、深化和发展过程，室内环境设计是建筑创作整体中不可分割的重要组成部分。它不是局限于居住环境，而是更多地为人们提供各种舒适、优雅的公共活动空间环境。其实，自古以来室内设计从未与建筑设计脱离过，远在意大利文艺复兴的黄金时代，名冠艺坛的巨匠米开朗琪罗（Miohelangdo Buoniroti），就是一位伟大的建筑师，同时他又是一位众口皆碑的画家、雕塑家，被世人称为三大杰出人物之一。美国建筑师赖特创作设计的“流水别墅”，注重室内外的整体有机联系，在他丰富的创作实践中，尤其是室内环境设计都依据统一整体的空间构思，以光彩夺目的建筑室内环境设计语言创造了“有机建筑”—自然的建筑，谱写出了诗情画意的篇章，给人以完美的艺术享受。

室内环境艺术设计是在建筑规划的大空间之中进行的。但这并不表明室内设计师只能被动地跟着建筑设计跑，而应该是同步进行的，特别是在进行大的公共建筑环境艺术设计项目时，项目主持人更重视这一先潜设计的配合。这是一个建筑设计获得成败的关键，应引起人们的高度重视。从另一个角度来讲，即使在建筑设计完成之后，仍可发挥室内设计师的主动性与创造性，运用灵活多变的设计手法，完成良好的室内环境设计创造任务。我们可以发挥、增强内部空间的艺术表现力，深刻反映人与空间主题，略施小计来弥补建筑设计上的某些缺陷与不足，改善室内空间的视觉效果。

室内环境艺术设计与建筑设计的关系确定了室内设计师与建筑师密切合作的必要性。从理论上讲，室内设计师应该知晓建筑设计的原则规范、方法步骤，以便更好地理解建筑师的意图。建筑师应该了解室内设计的特点，以便在建筑设计中为室内设计创造良好的条件。“室内环境设计反映建筑风格”，所以只有建筑师与室内设计师合作，才有可能使整体设计真正成为立意明确、空间合理，形象完美、环境宜人的有机整体。

室内设计与建筑设计的异同：相同方面，都是同时考虑物质功能与精神功能，受材料、技术和经济条件的制约，都必须符合形式美的法则，考虑城市空间尺度感；不同方面，与建筑设计相比，室内环境设计更加细致入微，更加重视触觉心理（生理）效应，重视人的空间尺度、强调材料的质感、肌理效果以及灯光色彩的运用等艺术美感。

因此，通过室内环境设计之后的建筑环境更为细腻、深刻。室内环境设计所具有的这种特点，是因为与外部空间相比，内部空间与人们的生活、工作关系更为密切直接。室内环境条件几乎全部为人们所感到，这足以表明室内环境设计不仅要非常注意空间环境的总体效果，还要仔细考虑所有触摸到的细部，精心处理每一个空间局部、材料、构造、饰物。

室内设计师与建筑师，如前所述，建筑师创造的是建筑物的总体时空关系，而室内设计师创造的是建筑物内部的具体时空关系，两者之间有着十分密切的关系。

作为一名合格的建筑师应该对室内设计有深刻的了解，在建筑物的方案构思中对建成后的内部空间效果作了充分的考虑，为今后室内设计师的创作提供条件。事实上，不少建筑师本身就是室内设计师，往往在设计时一气呵成，使建筑设计与室内设计成为一个有机的整体。

同样，作为一名合格的室内设计师也应该具有相当的建筑设计知识。在设计之前，应该充分了解建筑师的创作意图，然后根据建筑物的具体情况，运用室内设计艺术的手段，对内部空间加以深化、丰富与发展，创造出理想的内部空间环境。

三、室内设计师的必备修养

（一）室内设计师职责

室内设计师的称谓很多，有的称为装饰设计师，还有的称为美术设计师，作为专业工作范围称号，应为室内建筑师更加准确。因为室内设计师所涉及的工作要比单纯的装饰广泛得多，他们关心的范围已扩展到生活的每一方面，尤其是人居环境，例如住宅空间、商业空间、办公空间、公共空间（包括车船、飞机舱内）等的室内环境设计。最终目的是创造舒适的室内环境，提高劳动生产率和公共设施的使用率。总之，是在室内环境设计中给予人们各种舒适、安全和美感。

在欧洲一些国家，室内设计师已经与建筑师、工程师、医师、律师一样成为一种职业。专业室内设计师应该受过良好的教育，具有一定的经验并且通过资格考试，具备完善内部空间功能与质量的设计与实施能力。为了达到改善人们生活质量，提高工作效率、保障公众的健康、安全与福利的目标，专业室内设计师应该具有以下能力：

（1）分析业主的需要、目标和有关生活安全的各项要求；

（2）运用室内设计的知识综合解决空间计划的各相关问题；

（3）根据有关规范和标准的要求，从功能、舒适、美学等方面系统地提出初步概念设计；

（4）通过适当的表达手段，发展和展现最终的设计建议；

（5）按照通用的无障碍设计原则和所有的相关规范，提供有关非承重内部结构、地面、墙面和顶面及家具、照明、室内细部设计、材料选配等技术设备的施工图和相关专业服务；

（6）在设备、电气和承重结构设计方面，应该能与其他有资质的专业人员进行共同合作；

（7）可以作为业主的代理人，准备和管理投标文件与合同文件；

（8）在设计文件的执行过程中和执行完成时，应该承担监督和评估的责任。

室内设计的工作性质决定了室内设计师职业修养的内容。室内空间是艺术化了的物质环境，设计这种空间要了解它作为物质产品的构成技术。同时，也要懂得它作为空间艺术品的创作规律。不切实际的或无视构造技术的设计只能是纸上画画、墙上挂挂的空想图画。如果硬要造出来，会令人不堪入目，并危及人的生命安全。所以，室内设计师的大量工作与相应的职业修养都应该集中到技术与艺术的结合上来。

（二）室内设计师的修养

1. 设计艺术修养

室内设计师业务修养的一个重要部分就是空间造型的艺术修养问题。室内空间艺术形态的审美内容不能简单地用形、色、肌理等一般美术语汇来加以概括。空间艺术作品的质量主要取决于空间关系的塑造处理。空间关系并不是完全抽象的。人们在某种特定的空间中所从事的特定活动制约着空间的构成关系。例如，连续性动作或者近似的动作要求空间的连续或序列关系，间断性或私密性活动则要求空间的隔离或封闭关系。现代工业化生产方式提出了模数化空间组织原则，室内空间的综合性功能要求提出了空间组合的主从关系，甚至特殊的几何形联系和空间序列等。

因此，从事室内设计就必须掌握一套描述各种空间关系、适应形形色色人群活动要求的空间形态的设计语汇。而这种职业语言既是技术性的、功能性的，也是空间艺术性的。

解决带根本性的空间组合问题，对于做室内设计来讲，犹如画画定大形，铺个大调子，像做雕塑有了个基本框架或大体轮廓，要进一步完善作品尚须有做“收拾”工作的能力。做设计进入了细收拾阶段，而最主要矛盾是转移到空间关系的进一步调整和深入细部的设计中去。

空间联系是靠许多构件来完成的。这些构件之间的联系又得靠许多的节点来体现。所以大小节点的艺术处理，在深入设计阶段时就变成了很敏感的空间的造型艺术问题。通常的构造技术知识只能满足做节点的合理性需要，但永远也不可能取代设计师在处理节点造型问题上的必要的抽象的造型艺术修养。所以，设计师又不得不从造型艺术的角度来研究抽象的空间形式美的原则，甚至在姊妹艺术中吸取营养，从材料、构造以及所产生的视觉效应诸方面，来综合地研究与室内设计职业有关的形式语言，并涉及视觉环境心理、行为和情感。

思考空间艺术问题，单从平面装饰艺术观念出发显然是有害的。20世纪初，有人提出过“装饰就是罪恶”的偏激口号。在室内空间人们是以每平方尺为单位来体验空间效果的。放过任何一点、一线、一面都有可能影响内部空间的视觉艺术质量。因此，掌握必要的装饰手段也是设计师完整地塑造室内空间所必要的职业修养之一。

首先要提出的问题是设计师的手头上的绘画基本功问题。室内设计要求设计时有良好的形象思维和形象表现能力，能快速、清晰地构思和表现室内空间内容，有良好的空间意识和尺度概念。同时，也要求设计者要熟悉生活，了解各种适用的工业材料产品，并及时地、较准确地记录与设计有关的画面。室内设计师的手头功夫与绘画能力有密切的关系，只是室内设计师的绘画所表现的内容主要是与空间尺度、人的行为与相关的工业产品有关。

在实际设计活动中，体现设计师创作水平的最终还是处理技术问题的能力和创造空间艺术形象的技巧。室内设计师的绘画基本功主要是以辅助设计、表现设计意图为基本手段。当然，作为一种职业修养，绘画能力的提高除了对设计业务有直接帮助之外，也能通过绘画实践间接地加强自身的视觉艺术修养。事实证明，不少出色的设计师都得益于此。

2. 设计技术修养

有了一定的表现技能之后，就得分析设计本身了。首要的是构成室内空间的技术问题，其中最主要的则是对建筑结构知识的认识，以及对建筑结构构造技术的掌握。在实际工作中，作为室内设计师，接触较多的是建筑构造和细部装修构造等问题。所以，在掌握一般的建筑构造原理的同时，室内设计师还必须深入了解装修材料的性质特点。掌握一般的构造知识，能举一反三，不断探索如何使用传统材料，如何迅速发现并熟练地运用新型材料。在很多情况下，建筑原有的结构形式，主要建筑材料和基本的构造手段对室内设计师有较大的限定作用。在技术问题上，职业修养较高的设计师往往能从艺术的角度来处理结构和构造问题，以令人意想不到的手法创作出新颖的室内空间。

除了与材料、构造有关的技术问题之外，还有一个是舒适度问题，即舒适与功效。这关系着室内环境小气候的问题，即掌握所谓的声、光、热等建筑物理的技术问题。

在人们日常的生活、工作环境中，声学质量问题的矛盾有时表现得十分尖锐。在有较高视听要求的内部空间，对室内混响时间的控制，对合理声学曲线的选择等技术问题的处理等，都会直接影响设计质量。在一些私密性要求较高的生活、工作环境内，设计师务必要关心隔声问题。

采光自古以来就是设计师们十分关注的问题。许多设计大师都是以自己在采光问题上的独特贡献而闻名于世。例如，法国的建筑大师勒·柯布西埃（Le · Corbusier）、芬兰的阿·阿尔托（A. Aalto）都是现代设计史上运用自然光来创造良好室内空间的杰出人物。自然光不仅能满足人的生理要求，而且是重要的空间造型艺术媒介。同样，人工照明也不是单纯的物理问题，与自然采光一样，对室内空间的艺术效果影响极大。对室内光环境质量的设计，既包含必须解决的功能问题，又直接与室内的色彩、气氛密切相关。因此，设计师们不能只限于人工照度和照明方式等一般的技术问题上，而且要博览与光效应有关的各种艺术作品。

采暖、通风与制冷技术因地区不同，要求也不同。虽说这类问题基本上由专门技术工种来解决，但是，室内设计师对大体的来龙去脉与基本的设备、管道的空间要求等，也必须做到心中有数。现代建筑类型日益增多，楼、堂、馆、所有增无减，室内设计师在工作中涉及的设备问题越来越多，也越来越复杂。更有甚者，在不少设计师和现代艺术家的心目中，把暴露设备作为艺术构件来对待已成为一种独特的艺术倾向。

总之，室内空间的创作所面临的技术问题，随着社会的发展而日趋丰富，设计师的技术知识积累，就不容忽视地成为自身的职业修养。在现代社会里，仅仅用师傅带徒弟和装饰美术工作者的业务要求来培养设计师是满足不了实际工作需要的。

3. 设计文化意趣

文化意趣是因人而异的。由于历史条件、所受教育和民族等的不同，人人都会有自己的审美趣味，这种审美趣味上的差异近乎是绝对的。在很多情况下，尤其是在为许多人所共享的室内设计项目中，这种趣味差异会使设计在众说纷纭之下觉得为难。做室内设计不能简单潦草从事，但也绝对不能为追求个性而无视耗资成千上万的设计业务活动。

事实证明，人人都满意的设计是不存在的。所以，设计师必须善于把握文化趣味问题上的主流性倾向，较客观地来研究包括自己在内的，不同的人所提出的切合实际的、为多数人所能接受的设计主张。设计师要具备这种能力自然不是一蹴而就的。任何一种健康的审美趣味都是建立在较完整的文化结构之上的。因此，文化史的知识、环境心理学知识、行为科学的知识、市场经济情况的调查与研究等，就成为每个室内设计师的必修课了。

与设计师艺术修养密切有关的还有一个大问题，就是设计师自身的综合艺术观的培养问题。各门类艺术的大门是相互敞开的，我们很难区分浮雕、壁雕、壁饰作为室内空间构件处理时的界线，很难在内部空间和造型构成与现代雕塑之间寻求本质上的区分，我们甚至很难在装饰画与壁画之间，镶嵌画与墙面装修之间找出工种上的差别。新的造型媒介和艺术手段使传统的艺术品种相互渗透。室内设计又使各门艺术在一个共享的空间中向公众同时展现出来。基于这样一个现实，室内设计师与其他艺术家的“对话”就显得十分必要了。合乎逻辑的结论则是：室内设计师不能完全是其他姊妹艺术的门外汉，要努力学习其他艺术的造型语言，以便创造共同和谐的工作气氛，设计具体环境中具综合性艺术风格个性的空间艺术作品。

总之，室内空间设计是大空间中的小空间，是大环境中的小环境，同时也是建筑界面相对于自然的内部空间。室内设计活动和外部空间庭院、绿化及陈设艺术品，以至日用工业产品等的关系都很密切。室内设计的技术和艺术的结合与各门类艺术之间渗透的综合艺术特征，是确定室内设计师的专业修养的内容之一。室内设计的确是一个知识覆盖面较大的学科，学习起来必然会有一定的难度，所以学习方法是很值得研究的。

（三）室内设计师的学习

1. 室内设计专业的综合性

室内艺术设计的进一步延展与升华，是空间的功能性与设计的艺术性相结合的产物。建筑首先必须考虑实用性，但也不能忽视室内空间的艺术性与装饰性。通过室内设计对建筑空间的再创造，更能赋予空间以象征性及心理上的精神特征。实用性与艺术性的高度统一是室内设计艺术最重要的特征。

室内设计服务的对象决定了我们在进行创造的时候，不可能随心所欲地表现设计者个体的审美情绪。我们最直接的服务对象当然是建设单位，即委托我们进行室内设计的甲方。那么，我们的出发点就要站在业主的角度，去为他创造一个能满足使用功能、满足投资目的的室内环境。要达到这样的目的，我们的设计就需要符合所设计项目的行业特点及行业规范的要求。我们间接的服务对象就是在这个室内空间生存、活动、消费的大众群体，我们的设计要满足大众功能的需求、心理的需求和审美的需求。设计师所思考的，所表现的全是大众群体的，这应是室内设计的行业特点。

室内设计是一门综合的交叉学科，它所涵盖的相关知识面非常广泛。工程技术、文学艺术、行业法规、市场营销、消费心理等都会在一个项目里面得到综合地体现，这就要求室内设计专业的学生要付出更多的努力，室内设计能力的提高更多的是体现在综合素质的提高程度上，广泛地涉猎相关的知识与信息，从多角度思考问题，才能有效地达到室内设计的目的。

2. 室内设计专业的实践

室内设计的学习过程是一个实践的过程，动手能力的培养是教学中的重点。大学生在进行室内设计的学习时，要特别注重实际的设计训练。只有在设计的过程中，面对实实在在的空间，面对特定的项目，面对特定的服务对象去一步步实践分析问题、寻找解决问题的方法，从而最终推断出一个有依据的设计结果，才能将理论知识有效地掌握。室内设计的学习也不仅仅是课堂的学习，一门课的课堂学时是很少的，要是学生仅仅是在课堂学习的话，那肯定不能达到学习的效果。对室内设计的学习应该主动出击，融会贯通到日常生活和学习的全过程中，只有花时间、花精力才能产生知识的积累，才能完成课程的要求。

室内设计教学方面，要结合本专业的行业特征，在对学生进行素质教育和专业能力培养时，应该立足于室内设计师素质的培养，并以此为纲领，全面提高学生的学习动力，激发他们的学习热情，最终提高学生实际的室内设计能力。一名优秀的室内设计师应该具备如下素质。

（1）勤奋好学。任何学问都离不开辛勤的劳动，特别是室内设计专业这种实践性极强的交叉型、跨学科的综合性课程。大量的知识和信息的积累，需要我们付出更多的努力，一分耕耘，一分收获。室内设计也是一个日新月异的行业，设计的风格随着工程技术、材料技术的发展而变化，知识与信息的更新也对我们提出了更高的要求。需要我们不断地努力提高自身的学习。在室内设计行业里，没有一个是仅仅靠天分、靠聪明就能成为优秀设计师的，离开勤奋、离开拼搏的精神毅力是不可能取得成功的。

（2）热爱生活。设计师是为大众创造高品质生活环境的先驱，要想成为一名优秀的设计师，就必须具备热爱生活的素质。对生活充满渴望和激情，提升自身对优雅、高尚环境品质的鉴赏能力，才有可能创造出满足大众日益增长的物质和精神需求的室内环境空间。

（3）沟通能力。在校的艺术设计专业学生在设计实践中最为困惑的就是自己的设计作品往往不能获得业主的认可，总是在抱怨业主为什么不能接受他的构想。其实，这是因为很多学生欠缺良好的沟通能力，这种沟通能力是双向的，要建立在抛开自己成见的基础上。我们不能一味强调将自己的思想通过沟通强加给别人，也不能不加思考盲从业主的意见。正确的方法应该是在满足特定项目使用功能的要求下，遵循特定行业规范和特征，通过沟通，理解服务对象真正所需要的设计目的，从而满足整个项目的设计要求。

另外一方面，一个项目的室内设计参与群体也是多元化的，设计师需要和不同的专业部门进行工作上的协调和配合。例如建筑设计、材料设计、结构设计、暖通设计、电气设计、网络设计、预算等专业人员相互间的配合，这就要求室内设计师具备良好的沟通能力，只有这样才能在这个群体里面发挥自己的专业能力，最终完成一个项目的室内空间设计工程。

（4）艺术创意。即想象力和创造力。是我们赖以飞翔的翅膀。对室内设计师来说，不断提高自己的艺术修养，培养自己的艺术创造力，是一个应长期坚持不懈的努力方向。只有具备这样的素质和能力，才能让我们的设计不落俗套，而成为有个性的特色之作。

（5）表现技法。图纸是设计师唯一有说服力的语言，最终的设计表现成果是我们赖以打动业主获得设计任务委托的利器。不管是徒手绘制能力还是计算机辅助设计技巧，我们都应该充分的掌握。特别是计算机辅助设计领域，施工图绘制软件、三维建模、渲染、动画等软件都应该精益求精的掌握，只有提高设计的效率，才能提高设计竞争的能力。

通过以上的素质培养锻炼，掌握正确的学习方法，勤奋、愉快地进行室内设计专业课程的学习，才能做一名合格的室内设计师。

第二节　室内环境设计的概念

一、室内设计的思维

室内设计是建筑设计的延续、深化和发展的过程，是以科学技术为手段，以艺术创意为表现形式，用以生活、学习和工作环境的创造性活动。确切地讲，应称之为室内环境艺术设计。

（一）设计师与创造性思维

1. 设计师的艺术思维范畴

造型艺术是美术的主要特征，也是绘画、雕刻、工艺美术、建筑艺术的共同特征。所以，人们通常把绘画、雕刻、工艺美术、建筑艺术总称为“造型艺术”。既然建筑是造型艺术，其室内环境艺术设计是建筑的延伸、发展和深化，因此毫无疑问室内环境艺术设计亦应为艺术思维范畴。值得注意的是建筑室内环境艺术设计有广泛的实用性，是一种广义的造型艺术。

室内环境艺术设计是一个综合性很强的工作，有着多层次的复杂性，涉及面很广。在设计思维上，是发散型与收敛型思维能力的混合，“粗则不纵，细而不敛”，其艺术的思维模式最终落实在工程设计上。

记得有一位美国大师罗兰·爱米持（Leh，Eamete），有这样一段描述：“所有的发明家，他们的最初闪念都来自信封的背面，我却有一点例外，就是，我是用信封的正面的，这样我就可以把邮票包括在内，我这设计也就完成了一半了”。爱米特这段话听着普通寻常，可里面却包含了一个日常生活中思维创造力设计之道理。真正的创造型科学家需要某些艺术家的发散型思维去认识和发现新的可能，室内设计师首先是艺术家的发散型思维，需要有能力去进行独立思考、发展自己的想法，使设计成为一种心理的挑战，是“发散”与“收敛”两种技巧的混合。要通过这种技巧产生出创造性的设计来，似乎面临着各种约束，越是重要的设计则需要的发展型思维越多。正是由于环境设计所带来的问题变化，从而产生了设计师的能力与技巧。有些人喜欢自由、开放，其在构思问题中很少有强加的约束，并且可以有很开放、大胆的想象力，而设计实施问题则很像封闭式的严格的限制。如何认识、利用理智和想象力，以及运用配比适中的发散型与收敛型思维，这对室内设计师来讲是非常重要的。

2. 设计师的艺术思维过程

室内设计师应首先具有艺术家的创造性思维模式，且具有丰富的想象力，而后紧跟着是用理智进行控制、收敛从而加以调整，最终付诸实施。

例如，进行室内环境设计，有人说要首先考虑室内平面的实用功能和分区是否可行。而在这个问题上有几种不同看法，有人说是对的，有人则认为明显错误或很模糊，事实上这种想法从一开始就束缚了自己的创造力思维。因为一开始就把注意力集中在局部使用功能上，则缺少了空间概念的艺术性，缺少了思维想象力、创造力。正确的做法应是了解空间环境构成的“实”与“虚”的关系，对空间的整体设想要充实，不要被某些功能问题所束缚。应是发散—收敛—再发散—再收敛的循环过程。当然，设计师要有实践的积累与探索，才能总结出有创造性的设计来，达到功能与艺术的有机统一，达到技、艺的完美结合。

“我们必须熟悉自己和别人的想法，而这些想法能够形成一个出发点，由此可产生出创造性的设计来”。这段引自英国著名建筑师、设计方法学家勃里安· 劳森（BryM Lawson）《设计方法论》的话充分说明了艺术来自生活实践，并高于生活，是技艺的升华。“设计”这个词在现代环境艺术领域里应当是科学与艺术的结晶。

（二）设计师的思维方法

上面提到设计方法的核心是创造性思维，并贯穿于整体设计过程的始终。人能够认识、运用自然，并将其物化于艺术创作，并能将科学的发明、理论的发现等一切创造性思维活动应用于作品之中。人们按照自然美的规律创造了人工自然，这也是现代设计思维的理论依据。创造性思维是一种动态的、开放的、多维的主动性思维方式，因而作为创造性思维活动——室内环境艺术设计，就应具有以下特征。

1. 综合性

综合性即对诸多方面的环境因素进行综合的思维过程。它包括三方面能力，一是综合能力，把已学知识互相渗透形成新的知识；二是统摄能力，即把大量数据、实践理论概括整理形成系统；三是辩证分析能力，既分析独特性又掌握具体环境的特殊性。

2. 多向性

多向性就是善于从不同角度思考问题 ：一是发散，即面对课题多作设想，多提问题和答案以供选择 ；二是转换，即变换答案中的所有元素的某一个或多个元素，产生新的思路 ；三是转向，即当一个思路受阻时转向另一个思路，善于在多种答案中优选方案。

3. 连动性

连动性即由表及里，由此及彼，举一反三的思维能力。一是纵向连动，即就某一问题刨根问底，层层深入地推敲；二是反向连动，是从一种问题想到它的反面，向相反的方向思维；三是横向连动，即从一种现象想到与之相关的问题，横向比较，八面灵通。

4. 跳跃性

跳跃性即加大思维或转换目标，寻找灵感。一旦抓住灵感就层层深入，其实灵感也是知识、经验的积累，是对生活环境认识的“蹦发”，厚积薄发，从而有一个跳跃性的认识。

5. 独创性

独创性即“独具慧眼”，“慧眼识真途”，不落俗套，敢于向司空见惯的、习以为常的方案提出质疑，独辟蹊径，这是艺术家最明显的特点，也是室内设计师应该掌握的基本方法。我们从设计史中不难看出，每一位有成就的艺术家、建筑师都是在创造性思维中大胆尝试的探索者。意大利绘画大师达 · 芬奇（Leonar-do da Vinci）画出精确的飞机构造，启发了飞机的发明；法国建筑大师勒·柯布西埃（Le·Corbusier）把人的比例同建筑尺度巧妙地结合起来，创造出新的建筑模数；美国雕塑家享利 · 摩尔（Hemy Mdfe），在荒地煤堆里发现形态美，创造了有机形雕塑等。

现代室内环境艺术设计的方法，是反映人们对美的生活追求，应当包含其内在的和外在的全面评价，这既是追求功能美、技术美、艺术美的法则，又是不能忽视的科学方法。作为创造性活动，不论是艺术创造还是科学发明，其共同特点都是创新，而不是重复、墨守成规。一个美好的设计，总包含一定的新奇，而由于这种新奇的突破，又引申为高度的和谐，和谐与创新是一对矛盾的辩证统一关系。正如英国哲学家培根说的 ：“没有一个极美好的东西不是在调和中有着奇彩”。

二、室内设计的要素

（一）室内设计的物质与精神功能

1. 物质功能

人类从事建筑活动的主要目的是为自己的生活寻求一个舒适的场所。从栖身山洞到构木为巢，从挖土成穴到烧砖盖房，从半坡人盖起的原始部落到现代人类建造的高楼大厦，人类建起了无数的建筑物。值得注意的是，除了少量庙宇、碑塔之外，大多数建筑物都是直接为人们的生活与工作提供尽可能的物质条件。

因此，室内环境一定要满足这一实用要求，要树立“以物质为其用，以精神为其本”的思想，它所展示的人与物的关系是直接的，所创造的空间艺术形象的个性特征与人的社会性是息息相通的。要使室内环境科学与舒适化，除了要妥善处理空间的尺度、比例与组合功能外，还要充分考虑人们的活动规律，合理运用物质技术设备配置，解决好通风采光等基本物质功能问题。如果忽视了这一点，只见物不见人，也会使栖息于其中的人们沦为“艺术”或“物质”的奴隶。因而，作为室内环境设计者要有为“人”服务的思想，正确地运用物质技术，使室内环境设计通往一个美的感受世界，反映着自然、社会与人的环境等本质统一美的感性世界，通向一个形象与思维融合的，人类文化结晶与设计实践融合的、更是与人知己的那么一个感性世界。

以人—机关系为主体研究对象的室内环境设计，涉及一个重要的学科——人体工程学（或曰人体测量学）。如果说美感是一种客观事物对于人类适应性、需要性或宜人性的话，那么人体工学正是解决好人与机器产品和设备之间的适应性问题的科学。人体工程学可以追溯到20世纪初(二次大战）苏联技术美学家施帕拉在军事上的运用，它源于工程心理学研究中的人与机器信息相互作用中的心理活动规律，研究人体系统的功能配合、系统设计与人的信息关系，协调人与环境的不同功能，达到最佳的配合。战后人体工程学迅速渗透到工业生产、建筑设计及生活用品等领域，并且成为室内环境设计不可缺少的基础专业课程之一。人体工程学在日本、美国、英国等已成为一个比较成熟的学科。我国由于起步较晚，直到1964年才有关于人体尺寸的测量统计，1987年出版了《人体尺度与室内空间》译著（龚锦编译，曾坚校对）。这对我国室内环境设计无疑是一个极为重要的发展环节。

总的说来，人体工程学在室内环境设计中主要体现在以下几个方面。首先是为划分室内空间范围提供理论依据，在确定空间范围时，必须搞清使用这个空间的基本人数，每个人需要多大的活动面积及设备占用空间尺度数据等，并对成人及儿童在室内环境中的坐、卧、立时的平均尺寸，测定出使用各种工具、设备时的详尽合理的尺度。其次，为感觉器官的适应能力提供依据，人的感觉器官能力是有差别的，分为触觉、听觉和视觉。例如视觉，人体工程学要研究人的视野范围(动与静的视野)、视觉适应及视错觉等生理现象。既要研究一般规律又要研究特殊情况，不同年龄、性别等差异，找出其中的规律，对于确定室内环境设计等各种条件的功能、技术与艺术范围来说都是很有必要的。

2. 精神功能

室内环境设计的发展受社会意识形态的影响，建筑物一经建成，就会反过来影响人们的精神心理活动。为此，在考虑物质实用功能的同时，还必须考虑精神功能，即环境学，心理学方面的研究。它是研究人、建筑与环境之间的相互关系和相互作用的科学，是属心理学的范畴领域，并侧重于研究人们的行为心理、文化心理、社会心理、民族心理及创造性心理学对建筑室内空间环境的视知觉心理。在人、建筑与环境中的相互作用中最本质、最有决定意义、活生生的、有意志、有思想的是人，人既是建筑环境影响下的客体，又是创造和影响建筑环境的主体。

因此，研究室内环境设计，只有对人的心理活动的规律性具有清醒的认识和深刻的把握，才能根据人们在特定的空间环境下的心理需求设计出优秀的室内环境艺术作品来。日本心理学家相马一郎和佐古顺彦合著的《环境心理学》一书中指出："环境心理学是现代环境科学的一个重要分支，这一新兴的、多学科的综合领域不仅涉及心理学、社会学、工效学、生态学和人类学等，而且和建筑学（含室内环境设计）、造园学以及城市规划等有着极为密切的关系"。《建筑十书》（意大利·维持鲁威著）中提到"当他们想要在这座神庙中布置柱子时，因为还没有它的均衡，就探索着用什么方法能把它做成适于承受荷载和保持公认美观的外貌，试着测量男子的脚长，把它和身长来比较。""这样，陶立克柱式就在建筑物上开始显出男子身体比例的刚劲和优美。""科林斯柱式的式样是模仿少女的窈窕姿态而形成的。"这正是建筑环境心理学的绝妙写照。因而，室内环境设计就要充分运用环境心理学，以满足人们的精神审美功能需要。

一般心理过程包括认知过程，情感过程和意志过程，即认知—情感—意志过程。其中认知过程是最基本的，因为人们要弄清各种事物必须首先看、听、触、闻，以产生感觉和知觉，除感觉、知觉外，记忆、想象、思维等都属于认知过程。人们在认识客观事物的过程中会产生喜爱、厌恶或恐惧等情感，伴随着这种情感还会产生意愿、欲望、决心和行动，这就是心理过程中的情感过程和意志过程。环境中的认知、情感、意志这三个过程是密切相关联系在一起的。只有认识了事物，才能产生情感和意志，产生了情感和意志又能深化对事物的认识。不言而喻，研究这些过程及其规律性，对室内环境设计是十分重要的。以商店室内环境设计为例，看到室内琳琅满目的商品陈设，听到服务员热情接待的声音，或被商店精心的艺术设计所吸引，进而就对商品有一个良好的印象，从而对此产生某种信任之感，尔后就可能产生购买某种商品的欲望。这就将人们的心理由认知—情感转化为意志进程，从而增加了购物的决心。人们在购买商品时必然对商场环境、质量及服务员态度有了进一步了解，对认识更加全面和完整，意志过程又会使前两个过程深化和发展。

环境心理学与室内环境设计，必须在符合人的认知等整个过程、特点及其规律的情况下，才能被人们所感知（知觉），即整个设计必须体现主次分明的原则，重点景物要强调，以引发人们的兴趣，使人感兴趣的东西就容易被人们所感知。作为建筑师、艺术家要研究人们的经验、兴趣、个性乃至喜好等，并赋予联想、反映、刺激，由室内环境联想到外部环境，由人工环境联想到自然环境，情不自禁地感到不是在室内，而是在欣赏美丽的大自然，返璞归真，这即是感情上的联想认知过程。

（二）室内设计的外在环境影响

1. 自然环境因素

人类赖以生存的环境——自然环境和社会环境，处于不断的生态平衡与社会文明的调整前进之中，它所产生的环境整体效应，将构成环境审美要素，把人的主体性在周围环境的构成中作为首先考虑因素。因此，"应将利用系统的、多学科手段，综合运用自然科学与社会科学和室内环境设计于规划决策之中"（美国L.W.坎特《环境影响评价》）。从审美要素来分析环境中的色彩、气味、视觉的构成和形象变化，能够人为地增加或减少环境的美感程度。它涉及大气、水质、噪声、生物（生态的）、文化和社会经济等诸多方面，它们共同构成了环境的整体效应。当人们在这些环境创作中倾注了自己的审美要求，人们从中享受的应该是一种赏心悦目的，清洁舒适的宁静、和谐之美。相反，我们生活的周围环境，是环境构成中我们受到的许多影响的主要方面。正如以上所提及的烟尘、噪声等破坏人类舒适享受，人们持续这种状态之中，厌恶之感可以破坏对这片地区的秀丽景色美感，这种污染侵入到电影院、商场等公共建筑室内之中，任何生动的影片、绝好的餐饮都留不住人。

水与人的关系非常密切。“潺潺流水，柔情似水”的水字赋予了美好的意义，暂且不说这些深层文化含义，水之本身波澜壮阔，也常常使人肃然起敬，审美之情油然而生。生活环境有了绿水清波，无疑会在现代化物质享受中平添另一种美感，这对环境的净化、性情的调节，乃至小环境温差调节等都有影响。当我们今天塑造一个室内环境时，往往要追求大自然境地的返璞归真，亭台楼阁、花木树荫，多一条人工溪水、瀑布，则环境景观就大不一样。诚然，仅仅停留在没有噪声的安宁，是不能满足人们对环境的音响美感需要的，正是这一原因，使得人工合成的音响成为创造室内音频环境的一个重要手段。

2. 社会环境因素

社会文化、民族、地域、经济等环境，也是室内环境设计的影响因素。特定的文化、民族、地域、经济及身份地位、生活方式等，都影响着人们对建筑室内环境创作的功能与审美要求。因而，不同的使用个体与群体之间，对环境的具体要求形成了诸多专门的研究课题。例如，人居环境、公共建筑室内环境（旅游建筑、文化建筑、商业建筑等）都应分门别类地加以悉心研究。随着我们认识环境与文明的历史，文化环境对现代人的审美活动来讲尤为重要，它是同一个民族、一个地区的文明素质成正比上升的。对个体而言，受文化环境的影响所产生的潜移默化的熏陶，往往能改变一个人的气质。

因此，从一定意义上讲，我们可以说室内环境艺术设计是指文化环境艺术设计。从小到一个家庭的居室风格显示主人的文化倾向和素质修养，大到一个公共建筑空间的多功能综合艺术的处理，能满足群体审美要求。

当车尔尼雪夫斯基说“美是生活”时，我们应该看到的是“室内空间环境艺术”更是生活，人作为主体参与到客体中去。当我们在环境艺术中分析各项环境的构成要素时，也应认识到，作为人的本质目的，应发挥出“保护环境、改造环境、美化环境”的各种技术与艺术设计，人创造环境，环境也创造人。

三、室内设计的内容与目的

环境艺术研究范围之广，从城市规划、建筑单体到室内设计，包容内部与外部空间。它比城市规划更讲求艺术性，比建筑设计更细致入微，比纯艺术更注重实用、比工艺美术更带有综合、复杂性。其最终目的是以人的空间环境为根本，充分体现“以物质为其用，以精神为其本”之目的，使人们得到舒适与美感。

然而，室内环境艺术设计是建筑设计的主要部分之一，它是以建筑设计为基础，是建筑设计的继续、深化和发展，而且更讲求人的视觉心理，强调情感并与环境协调，因而更加细致入微，更追求艺术审美性，并与艺术有着直接的密切联系。

所谓环境，并不是自己的小天地，而是整体环境意识，从事室内环境设计也要考虑外部环境因素、建筑文化、生活习俗等大的环境。从而使我们的生活更科学、更艺术、更有人情味。建筑艺术大师格罗皮乌斯有一段话：“认为科学比艺术更重要的信念曾使文化推动光彩……需要我们改正教育体系，以使两者并重”。毫无疑问，环境艺术设计是科学与艺术的结晶，是建筑师与艺术家的共同努力的结果，是人类文化生活的艺术。这也是我们追求美好生活的目的所在。

要从人的空间探讨室内环境艺术设计。我们细分析一下，“一切环境艺术都是为了完善建筑物”，建筑空间实质是指人的空间环境，自然不能忘记是以人为使用对象这个最根本的目的。探析室内环境艺术设计，只有对发展历史、科技水平、城市文脉、文化生活环境特色等建筑思想因素做出综合的分析，才能深入研究进去。建筑师、艺术家的创作构思过程与工程师等各专业的配合过程也是一个重要环节，尤以建筑起着决定性的因素。改革开放以来，高科技与多元化背景的不断发展，促使人们思考环境设计中的创作观念问题，用发展的眼光对待传统与现代，民族文化与西方文化。悉心提炼其中的精髓，以创新的精神，集时代风貌、意境于一体，用多维的创作思想，刻意求索具有中华民族特征的当代室内环境艺术设计。从传统而来，向时代中去也是创作出优秀作品的必由之路。诚然，我国室内环境艺术设计还须经过一个转变过程，所以，在克服设计领域各种不良倾向的基础上，只有建筑师、艺术家不断更新观念，树立正确的创作观，才能有优秀的作品问世。

设计师首先应以人的空间建筑来分析室内环境艺术设计。现代室内环境艺术设计是集自然科学与社会科学等诸方面因素作出的一种理性创造性活动（即人工自然或曰人化自然、第二自然）。从人类对大自然环境最基本的意识——人与环境为出发点，树立人是主体，环境是客体，"以物质为其用，以精神为其本"的观点，逐步分析人——建筑——室内环境艺术之间协调的功能性与艺术性。人既要顺应自然，也要运用自然，掌握自然客观规律。在保护环境、改造环境的基础上创造人类"生活的艺术"。

（一）室内设计学习的内容

室内设计的作用首先是改善环境条件，满足各类室内空间的功能要求；其次是保护结构，使建筑物的各部构件的寿命得以延长；再者，要装饰和美化建筑物，充分表现建筑艺术的美学特征。

室内设计必须满足功能和使用要求，如墙面抹灰可以提高墙体的热工性能，延缓凝结水的出现，对吸声和隔声也有一定的作用。地面装修则主要是为了保护基底材料和楼板，达到装饰目的，满足使用要求。吊顶装修应满足美化环境和保温、隔声等要求。建筑装修应具有合理的耐久性。耐久性一般表现为与结构层的附着力及防止脱落、起皮、褪色、变质、锈蚀的能力。

室内装修还应针对不同建筑物的装修标准来选择装修材料与做法。建筑装修的质量标准、选用材料、构造做法等都与造价有关。据统计，一般民用建筑的装修费用约占土建造价的20%～30%，标准较高的工程，装修费用可达40%～50%。建筑装修还应考虑材料供应和施工技术条件，注意材质的特点，选择合理的施工方法，以保证装修质量。

室内设计基础专业的学习内容，涉及基本理论、专题设计和实践能力等应用问题。本课程的基本任务，就是使学生能够掌握室内设计的基本理论知识和创意设计方法，并具备室内设计的综合实践能力。

室内设计与所学的艺术专业的课程有着密切的联系，这些课程是室内设计的基础，更是室内环境设计专业的一个重要组成部分。通过本课程的学习，扩大和训练学生的识别能力、鉴赏能力，提高学生的综合知识。在掌握室内设计的基本理论和方法的同时，还须在室内设计实践中进一步锻炼自己的实际运用能力。具体来说，室内设计学习的内容包含以下几个方面。

1. 建筑设计综合知识

首先，应尊重和了解建筑设计的功能要求、格局布置、创意亮点和寓意风格。建筑设计同室内设计一样，是技术的，也是艺术的。应具备对建筑施工图的识图能力，提高审视材料、构造和可实施深化能力，认识其建筑设计的主要使用材料、结构形式和安装设备状况、类型等级与建筑防火、消防通道设计规范等。在不影响建筑室内环境设计使用功能的基础上，毫不犹豫地贯彻建筑设计艺术思想。

2. 建筑材料与构造知识

建筑材料相比室内装修材料来说比较规整且用量大，关键是要了解建筑的具体使用材料情况，这对我们的下一步具体设计是很有帮助的。例如建筑外墙体材料是黏土砖墙还是加气混凝土填充墙等，我们在室内设计结构预埋固定连接构件时，就应仔细进行深化设计，否则会带来不必要的返工。

对建筑的分类、结构材料、等级的组成等进行了解，有助于室内装修的深化设计，理解建筑构造技术，建筑基本构件，分析构造方案，并最终根据建筑构造这一先决条件来完成装修构造细部大样设计图纸。

平时多掌握材料与设备信息资料，尤其是新材料、新工艺方面的信息知识。多看、多读、多了解、多思考，将新的材料与设计概念带入自己的创作当中去。

3. 建筑与装修制图知识

这些知识由两大部分组成，第一部分是建筑设计制图，是指建筑的总平面图，这要了解建筑的方位位置，环境条件和地域风貌、风土人情。建筑的平面图、立面图、剖面图、标高尺寸和建筑构造大样以及做法说明等。第二部分是指室内装修的平面图、立面图、剖面图和装修构造大样做法，室内装修的材料图示、构造表示方法等。如木质材料、石材、玻璃等在图纸上的表示方法，电气开关，空调风口等设备在制图上的表示方法等。

4. 电气、暖通给排水设备知识

所要深化设计的建筑设计施工图，有电气的综合布线，配电室（箱）位置，暖气、空调布局形式、出入口，给水、排水等位置。以上设备有什么特殊要求等，必要时需与相关专业的人员进行交流、沟通，共同完善解决好设计施工图诸多方面的问题。

5. 施工工艺与管理

应尽可能多的了解施工制作工艺方法与设备用具。平时还要多看、多观察材料与构造的做法，尤其是正在施工中的现场。这样可以看见一些隐蔽工程内部的做法与施工程序，也可参观具有现代化、新概念的装修工厂、企业单位，了解其工艺与管理方面的程序流程。

6. 装修经济预算

首先要符合建设单位的预算开支和承受能力，注意将财力、物力花在重点部位上。如室内设计强调的是哪些空间？达到的功能效果和档次规格要求等，都要合理经济地选材，这样才能将室内装修预算控制好。必要时可以追加预算，最终决算出造价情况。

装修装饰工程预算包括装修装饰工程消耗的人力、物力、财力的价值数量。一般由直接费、管理费、计划利润费、税金等费用组成。

（1）直接费用包括人工费、材料费、机械费、其他费用等四个主项。人工费指工人的基本工资等；材料费包括各种材料制品、半成品、配套品等物的购置费用；机械费是指设备的使用、折旧、维修费等；其他费用，如高层建筑超高费、搬运费、水电费等。

（2）管理费是指组织和管理招工生产而产生的费用。它包括施工管理人员、工作人员、设计人员、辅助工人的工资与办公费用等。其标准一般为直接费用的8%～10%。

（3）计划利润为直接费的5%～8%。

（4）税金为直接费、管理费、计划利润总和的3.4%～3.8%。

预算取费方式：

1）直接费=工人费+材料费+机械费+其他费用（不可预见）；

2）管理费=直接费+10%；

3）计划利润=直接费×5%～8%；

4）税金=（直接费+管理费+计划利润）×3.4%～3.8%。

预算取费规律：

1）总造价=直接费+管理费+计划利润+税金；

2）一般后三项的总和不超过直接费的20%，如10万元的直接费，则总造价=10万元+10万元×20%=12万元。单项预算费是材料价格和人工费×单项工程量。

例如：墙面乳胶漆，单项工程量为100m^2，则（材料费10元/m^2+人工费6～8元/m^2）×墙面面积100m^{2}就等于1600～1800元。

（二）室内设计学习的目的

对于室内环境艺术设计专业的学生来说，室内设计基础作为专业课程是非常重要的。但是，室内设计方法的重要性并不是大家都能真正理解的。有的人认为只要设计好方案，画好效果图，就能做好室内设计。其实不然，当你把确定好的方案设计图拿到手里，准备画施工图的时候，就有可能会觉得无从下手，究其原因，其中主要因素是还不了解室内设计的深层意义。

首先要掌握建筑设计方面的基本知识，如建筑材料，建筑构造，施工图设计等内容，进而把细部设计推向深的层次，也就是说施工人员拿到设计师的施工图纸，经过三方（建设单位、施工单位、设计人员）会审图纸后，就能知道怎么去施工，将施工图纸贯彻到底，直至竣工验收。

室内设计是专业必修课程，又是具有实践性内容的基础课程，其最终目的是要学生掌握最基本的室内环境设计知识、构造做法和综合实践设计能力，并能进行实际工程设计工作。在学习了室内设计理论与设计基础上掌握本课程要点。

1. 建筑设计及其内容

熟知建筑设计与建筑构造课程内容，对建筑物的基本情况有一个深层认识。如建筑物的基本六大构件构造。在当前教学厚基础、宽知识的指导思想下，作为环境艺术专业的学生要重视这一点，它是室内环境艺术设计专业很有必要的一个重要环节。只有认识建筑设计、建筑材料、建筑构造及施工实践，才有可能学好室内装修设计。

2. 室内装修材料与选择

广泛地认识装修材料各大种类、性能、花色品种与价格价位。室内装修材料种类繁多，丰富多彩，作为学生要有条不紊地搜集、掌握、整理装修材料，按类别整理样本，并分门别类地归纳成册，以备今后查阅使用。可按部位分类，如顶棚类材料、墙面（隔断）类材料、地面类材料、家具类材料、灯具类材料、装饰织物材料、五金类材料等，或者按使用率较高的材料归类，如石材（天然与复合）类材料、木板材类材料、金属类材料、玻璃类材料、家具、灯具及布艺类材料等，这也可以作为案头资料，随手可取。

3. 掌握室内装修构造技术

装修构造设计是随创意方案和材料的变化而变化的，但千变万化都不离其宗，即使用功能、坚固性、经济性和艺术形式美感的原则。我们说材料是空间的诠释，那么构造就是结构的灵魂。所以，在学习构造技术设计时，要注意学习建筑构造知识，掌握各部位的基本做法，理解文字说明和设计规范要求。要掌握好装修构造设计，就应对装修材料性能、花色、品种等做深入了解。如大量的轻钢龙骨矿棉吸声板有明龙骨和暗龙骨等，板材要符合材料自身尺寸要求，并且设计尺寸适当，大则变形，小则琐碎。须挑选适合具体功能和效果的材料与构造做法，才能运用自如。

4. 室内设计的创意与文化的传承。

设计是一种文化，室内设计更是文化的发展，它既是建筑室内空间物质与功能的组合，更是室内空间精神的完美体现。进一步讲，室内设计是一种应用文化的传承、发展与创造。它将通过特定表现形式来适应具体的环境，营造舒适的氛围，传播设计艺术的文化。室内设计在某种意义上讲是艺术设计，这点毋庸置疑。一个形体完美、功能合理、经济适用的作品，终究是要经过材料设计、构造技术去实现。应当说设计是科学与艺术的结晶。作为当代设计师，有责任也有义务，将我国优秀的传统文化传承下去，并创新发展。要努力开发新材料、新技术，多元互动、合而不同。如图1-2-1～图1-2-5所示。

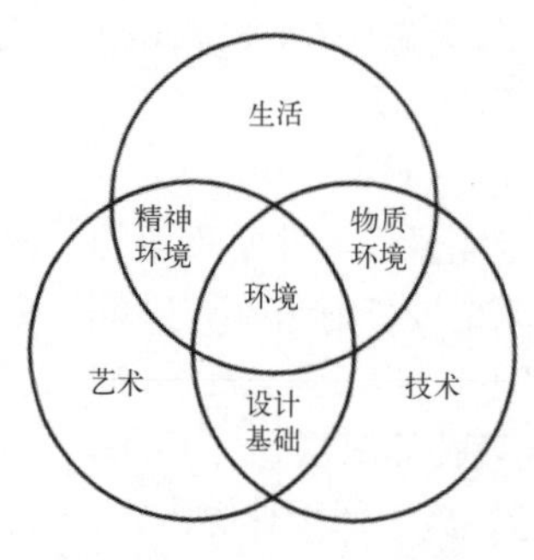

图 1-2-1　设计是以“生活的艺术”为目的

图 1-2-2　设计师要重视人与环境的关系

图 1-2-3　对室内环境的科学实用、艺术美感设计的整体把握

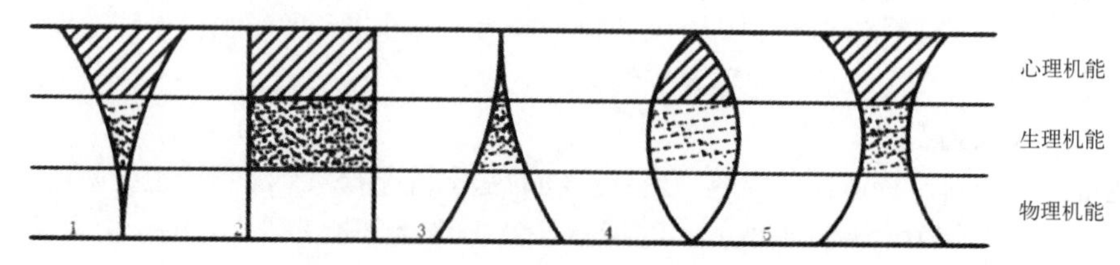

图 1-2-4　室内设计要强调不同空间的使用机能

1– 纪念空间；2– 人居空间；3– 厂房等工业空间；4– 伤残等活动空间；5– 医院等活动空间

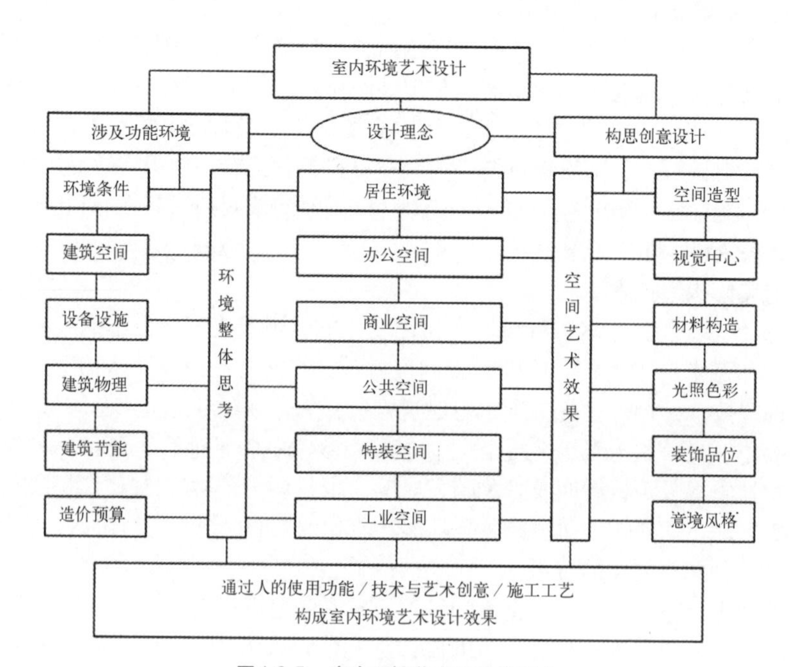

图 1-2-5　室内环境艺术设计的概念

第三节 室内环境设计审美观

一、技术与艺术的结合

（一）室内设计技术的应用

室内设计是以建筑空间设计为基础的，它应是建筑空间设计的继续、深化、发展直至实施过程，是以科学技术为功能手段，以艺术美感为表现形式的，因而，室内设计作为环境艺术设计专业实践性较强的专业课程，显得尤为重要。其综合性知识和实践性设计及消费心理等市场调研及空间构造技术与艺术创意美感等都是必不可少的重要环节。

技术设计的应用，是指用于建筑空间构件中基层与面层的部分，主要起到保护建筑物体，营造室内空间等作用的一系列技术及设备。进一步说，是指铺设、固定在建筑物墙体、地面、柱面、顶棚表面的室内空间中一系列技术、材料、设备，并且它还可以兼有调节室内空间的保温、隔热、防火、防潮等功能作用和美化建筑室内环境的作用。

建筑技术及设备是室内空间中的一大内容，是建筑室内装修设计不可缺少的，是室内设计的物质基础。如果说钢筋混凝土等结构材料搭起了建筑物的框架外壳，那么，技术设备则给建筑内部充实了空间，能让人尽情享受舒适、幽雅的环境。因此，室内装修的使用功能和艺术效果的体现，都是需要技术功能设备配套产品选型等环节来实现的。

另一方面，从事室内设计的设计师对设备技术的认知程度、艺术修养以及对空间使用功能，营造艺术氛围和工程造价等因素是有关联的，在室内装修空间中，从顶棚、墙面到地面等装修以及每一个细部节点，都是由室内设计师经过悉心的设计，并进行详细施工工艺技术来完成的。

随着我国各行各业与国际接轨，新材料、新技术不断研发，不断涌现出来，推动着室内装修设计的变化发展，构造设计方法的改进和施工工艺的革新，现代装修材料科学技术的进步，为建筑空间的发展提供了新的尝试和有利条件。因此，掌握好室内技术设备的知识，对于打好专业设计基础，提高理论水平和实践工作能力至关重要。它是从事建筑室内设计、环境艺术设计以及相关专业的人员必须掌握的一项重要内容。

然而，无论哪一项内容，其最终目的都是以人的空间环境行为为最根本的，并充分体现“以物质为其用，以精神为其本”之目的。因此，无论什么样的建筑室内环境设计，其材料与构造设计，技术与艺术等选择形式，都应使人们得到有效的舒适与美感。如图1-3-1 ～图1-3-5所示。

室内装修设计具有两方面的表现。它既是物质需要产品，有着满足使用功能要求，即实用性，同时它也是精神需要产品，有着满足人们的欣赏审美要求，即艺术性，二者互为存在。但有时强调的侧重点不同：对于大量的建筑室内空间，如工业建筑厂房车间，民用建筑中的公寓住宅和办公建筑等，应以满足使用功能要求为主；而对于大量商业空间，文化建筑，旅游宾馆等民用建筑，则在满足使用功能的同时也应满足精神功能的需要等，在强调艺术性效果方面，将视觉、心理、情感注入其中。

（二）室内设计技术应用措施

技术与功能的体现作为设计的技术问题，还应当考虑以下几方面问题。

（1）了解并理解材料的生产技术与产品性能，这对设计来说起着很大的帮助作用。

（2）合理地采用地方材料，既经济又省时。

（3）把握地域文化文脉，对艺术创作风格有着深刻的理解帮助作用。

（4）认识新的材料和新的设计理念，对设计整体效果的把握，创作出符合要求的艺术设计作品有很大作用。

图1-3-1　上海科技馆中心大厅科技主题与美感互融

图1-3-2　上海金茂大厦办公楼电梯厅透明、理性、现代

图1-3-3　上海科技馆透明的电梯厅显现着机械之美

图1-3-4　东京办公楼会议室既实用又艺术化的窗式设计

图1-3-5　柏林新议会大厦锥形光反射板自然采光

上述内容应是体现整体设计水平的主要标志，也是设计师的基本任务之一。当然，不同类型的建筑室内空间的功能要求也不尽相同，这是它的使用功能所决定的。

二、绿色、环保与生态设计

（一）绿色设计的概念

早在1988年的德国国际材料学科研究大会上首次提出了“绿色建材”的概念。又在1992年的巴西里约热内卢“世界环境与发展”会议上，确立了建筑材料的可持续发展的战略方针，制定了未来建筑材料工业持续自然循环、协调与共生的发展方向。近20年来，很多国家对绿色建筑材料非常重视，特别是20世纪90年代，绿色建材的研究发展速度迅猛，制定了试验方法和绿色建材的性能标准，积极开发研制了一些绿色建材新型产品，并开始推行环保标志认证。

德国的环境标志计划始于1978年，是世界上最早实施环境标志认证的国家。他们开发的带有“蓝天使”标志的建筑材料产品，从对环境危害较大的产品入手，取得了很好的环境效果。德国的所有大城市中均有专门出售“绿色建材”的商店。丹麦、芬兰、挪威、瑞典等国也于1989年左右实施了北欧环境标志。丹麦为了促进绿色建材的发展，推出了HMB（健康建材）标准，规定了所出售的建材产品在使用说明上除了标出产品质量标准外，还必须标出健康指标。瑞典也积极推动和发展绿色建材，已正式实施建筑法规与安全标签制。如图1-3-6所示。

美国也是研究开发绿色建材较早的国家之一，早在1991年美国建筑研究院（BRE）曾对建筑材料及家具对室内用品和室内空气质量产生的有害影响进行了研究。通过对涂料、胶黏剂，塑料等材料制品的试验，提出了自然建筑材料在不同时间的有机挥发物的散发率和散发量，并对室内空气控制与防治提出了建议。美国也是较早提出环境标志的国家之一，大多均由地方组织实施，目前还没有国家统一标志，美国环保局（EPA）正在开展运用住宅室内空气质量控制的研究计划。

我国是20世纪90年代开始实行对绿色建材进行研究与宣传的，并开始实行绿色认证。1993年10月开始设立绿色环保标志，1994年5月成立了中国环境标志产品认证委员会，也相继制定了研究、开发、生产和使用绿色建材的有关条款。当然，我国无论是绿色建材产品的生产质量，还是绿色建材的认证和管理等方面，都相对落后于世界先进国家。由于经济发展的需要，中国非环保建材的发展非常迅速，它们对能源与资源的消耗以及对环境的污染十分严重，长此下去会严重影响未来工业的可持续发展，也影响人们的生存环境。

因此，在中国发展绿色环保建筑材料是一项当务之急且是十分艰巨的重要任务。作为建筑业的一名设计师我们大家应该深刻思考并且以积极的态度对待，以提高我国生态环境质量，保证人类居住环境的健康、安全和社会的可持续性发展。如图1-3-7所示。

图1-3-6　1978年德国绿色建材环保标志“蓝天使”

图1-3-7　1993年中国绿色建材，节能减排环保标志

（二）绿色设计的推广应用

前面讲了关于专业设计与材料研究方面的诸多问题，可以作为未来的设计师将装修材料设计这一概念贯穿于室内设计作品中去的一个提示。但是，还须把握思维设计的方向，正所谓“艺术钟情于生活，创意源自于物化。”

材料在建筑空间中的作用以及外界诸多方面因素的影响，我们应在理论上有所了解。考虑材料受到各方面因素的制约，设计师就要具备丰富的建筑装修材料知识，掌握常用建筑装修材料的性能和特点，使材料在建筑空间中充分发挥其作用、特色。满足使用上的不同要求，做到材尽其能，物尽其用。有时，由于设计师对材料知识缺乏了解或选材上的失败等，都往往会给建筑工程带来很大的麻烦，造成浪费，甚至在使用功能、施工质量和艺术效果上造成无法挽回的损失。

作为设计师，要不断地创新，积极地提高设计与创作水平，就应了解新型建筑装修材料的发展，更应了解装修材料的生产和技术上的新材料、新工艺和新概念。在建筑室内装修设计中，做到技术、经济与艺术创意三者的统一。

目前，国内外有很多建筑空间做出了绿色建材设计尝试。德国的零能耗住房，不用电气、木和煤，也没有废气排放，周围环境空气清新，其中南向扁形平面获得较大的太阳能能源。采用储热能力好的灰砂隔热材料，阳光透过保温材料热量在灰砂中储存，白天透过窗由太阳能加热，夜间通过隔热材和灰砂增加热量。

清华大学设计中心伍威权楼、山东交通学院图书楼、山东建筑大学实验楼，它们的特色之处有：第一，对环境的调节，西向混凝土防晒墙壁、遮阳板，南向绿化中庭；第二，对自然的利用，太阳能、光电板发电技术（屋顶），自然通风，充分运用节能健康资源；第三，整体节能设计方案，绿色照明，分区控制，个人调节，节能灯具。水热泵机组，楼宇自动控制，可调节红外线保安监控等。如图1-3-8 ～图1-3-10所示。

另外，山东德州皇明太阳能是我国节能新理念的典范。中国第一家装修工厂，山东福思特是装修施工工厂化的先行者，有效地解决了装修环境污染问题。目前，在我国整合建筑装修材料产业，规范建筑装修材料标准，研发技术构造工艺与施工管理法规等，是当务之急。这也是绿色建材保护环境、健康生活的必由之路。

下面列举一下关于新的设计理念在节能、环保方面的思路。

（1）提高能源效率，充分运用自然通风、采光、减少空调使用次数。

（2）合理的运用太阳能、光能、风能、地热能。

（3）保温、隔热，减噪和气密性设计等细部处理。

（4）采用多层窗，减少运行能耗，实施绿色照明。保护自然环境和生态系统平衡。

（5）节约用水、器具选型，水处理得当。

（6）建筑应与自然共生，创造健康舒适的商业空间环境。

（7）舒适的温度环境，宜人的光视线环境，优雅的声控环境。

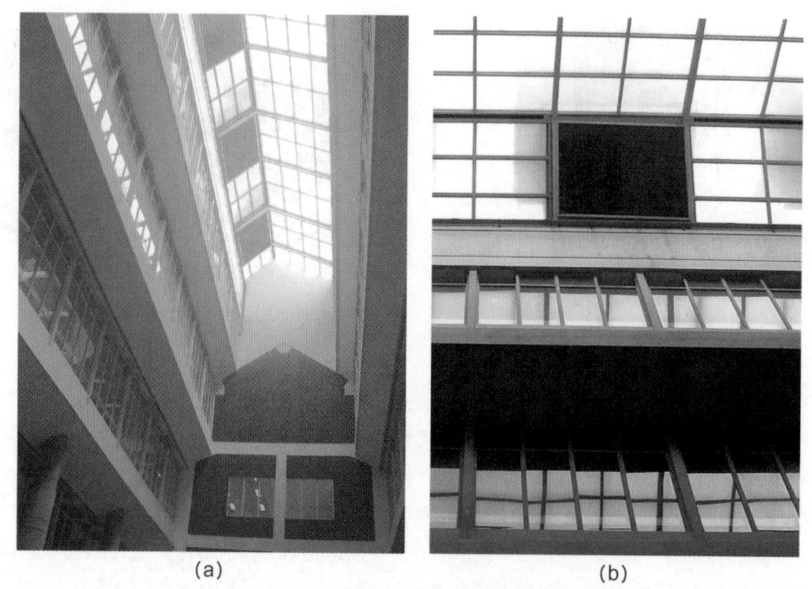

(a)　　(b)

图1-3-8　山东交通学院图书楼机械辅助自然通风

图1-3-9　图书楼阳光厅自然调节恒温、节能环保

图1-3-10　山东交通学院阳光厅自然通风墙面

三、科学与艺术发展观

（一）现代室内材料的设计与运用

人类社会科学技术在不断进步，在发现材料和充分利用材料的过程中，发展了材料的实用性和设计的美感艺术性，从而逐步地实现材料的实用价值和审美价值的融合、适应以及形式美的统一。在近代材料工业的发展阶段，推动和促进工业产品的批量生产与改进，从而实现了由依赖于手工业生产产品向以机器为制造手段的大批量生产产品的转化。

19世纪工艺美术运动的先驱威廉·莫里斯（William Morris），反对机械生产，提倡艺术化的手工艺产品，以色彩明快，图案简洁的壁纸作为室内墙壁装饰材料。他还设计和生产了许多织物与家具，并发展了一种理论："一个设计者应完全了解与其设计有关的特殊生产过程，否则将事半功倍，另一方面，要了解特殊材料的性能，并用它们来暗示（不是模仿）自然美以及美的细节设计，这就赋予了装饰艺术以存在的理由"。建筑大师赖特（Frank Lloyds Wright）曾写道："将你的材料性质显现出来，让这种性质完全进入你们设计中去。"当时，艺术风格后期代表人物，法国设计大师尤金·盖拉德（Eagan Caillard）曾对家具设计提出"重视材料的特性"。比利时建筑师维克多·奥达（Victor Horton）在为自己设计住宅时，对室内空间装修极为自由和大胆，毫无顾忌地使用钢架、玻璃等新材料。

20世纪20年代，现代主义运动走向成熟。德国魏玛的包豪斯（Bauhaus）学校，倡导艺术家与工匠们结合不同门类的艺术，把艺术、技术和材料充分地结合起来产生新的独特风格。格罗皮乌斯（Walter Gropius）与理查德·梅耶尔（Richard Meier）合作设计的科隆德国制造联盟展览会上，利用玻璃材料设计了带玻璃罩的螺旋楼梯，也采用了大面积的完全透明的玻璃外墙，打破了室内外空间的界线，增强了室内与室外的空间感。设计大师布劳埃尔（Marcel Breuer）设计了装配式的厨房组合家具和设备，他也是第一个把钢管材料运用到椅子（瓦西里椅Waesily chair）设计中的设计师。以设计者、实验者和完美主义者作为信念的建筑大师路德维格·米斯（Laduwing Mies），运用镀铬扁平钢架与织物或皮革材料组合设计了具有独特风格的"巴塞罗纳"椅子。

密斯被称为是第一个懂得现代技术并熟练地应用于现代技术的设计大师。他把现代技术条件下生产的材料和传统的精工细作的手工艺结合起来，他设计的范斯沃斯别墅，除卫生间和设备间是封闭的以外，四周是直接落地的玻璃，实现了室内与室外自然空间的交流与对话，从而标志着建筑与自然和谐统一的新思路开端。大家所熟悉的建筑大师赖特为考夫曼设计的流水别墅，其立面构图层次穿插，表现了依附于具体特定的环境之中，用室内材料对比变化来显示和区别各种不同用途的空间，以取得内外空间的统一和联系，玻璃与条石墙面得到了恰到好处的对比，再加上露台与大自然当中的瀑布和周围山石丛林，表现了赖特的"有机建筑"思想和运用建筑与装修材料的娴熟，以及对生活融入自然的理解。

20世纪50年代以后是塑料工业时期。塑料不仅具有许多优于其他材料的优势性能，而且在造型上具有独特的表现力。它可以惟妙惟肖地模仿其他材料的装饰效果，如自然纹理、质地和各种花纹图案。尤其是家具产品设计，塑料被称为是一种构成各种形状造型的通用材料。如丹麦设计师阿纳·杰克森，采用覆盖结构的泡沫塑料，内包玻璃纤维，支座为镀铬钢，组合构成具有现代感的椅子。

随着现代科学技术的不断发展，现代人的生活质量要求得到提高。无论是原始的天然材料，还是现代的工业材料，尤其是复合材料的开发应用，成为今后装修材料的主要发展方向，其所蕴含的生命力都将成为室内装修材料设计的源泉。材料的表现与应用，呈现出多元化的风采和更加注重科技的含量。

（二）现代新材料的发展应用趋势

现代室内装修设计，充分体现了现代工业文明、科技文明的时代文化，这种文化是古代文化所不具有的。同时，这种文化是世界性的大趋势，这一点是毋庸置疑的。

材料的发展应向着高性能、多功能、复合化、预制化的方向发展，并以绿色建材为主线，遵循可持续发展循环利用的战略方针。所谓高性能、多功能，即研制轻型高强、高防火性、高保温性、高吸声性、高耐久性、高防水性能的材料。它对提高建筑物的安全性、实用性、经济性都起着非常重要的作用。所谓复合化、预制化，即利用复合生产技术，生产复合型材料和预制化的装饰材料。在我国的装饰材料工业生产企业，已经开始推广复合预制化装饰材料，即“装修工厂化”，有着非常广阔的前景。这都极大地加快了施工速度并保证了施工质量，而且，对施工现场不会造成污染。

材料的发展不仅是多功能的，还采用高新型技术进行深加工，而且向环保绿色型方向发展，不仅实用耐久，还要讲求美观。19世纪工业革命以后，经过了信息时代，21世纪是智能建筑的时代，室内环境设计自动化设备的运作，对材料的表现提出更新、更高和更强的要求。继信息时代，基因工程之后，纳米技术又成为一颗新的科技之星，纳米技术将对材料科学产生深远的影响。

另外，最近几年还有光电板系统太阳能设计、天然采光导光管设计、导光棱镜窗设计的使用，给现代室内装修设计材料的运用带来福音。它既节约能源，又无环境污染问题，一劳永逸，是真正实现了零能源消耗的绿色装修材料。正是这些新技术，新材料的运用，将为我们未来的室内环境装修设计增添新的光彩。

（三）室内设计的审美观

1. 室内设计的美学观念

设计美学一般来说并不是单纯指原材料的美学价值，而是指原材料加工过程后的结果所产生设计的审美效应。材料美学不能机械地视为材料本身固定不变的审美价值，而是人在应用和加工过程中变化的、流动的审美价值。因而对材料的设计审美价值具有重要的开发意味。

室内设计过程是审美信息的转化和传递，需要有一定的物质载体。当设计师在创意构思如何才能更有效地制造出受社会大众欢迎的结构构件时，首先应当考虑的是使用什么材料，材料的选择是否符合使用目的，在怎样的环境中使用，如高温、低温、保温、隔声、防火等环境条件。还有材料使用耐久价值程度和经济效益如何，这些虽然不是美学问题，但是，设计师在设计时必须具备材料科学的相关基础知识，同时还要在实践过程中，深入发掘和利用材料的审美价值。如果选材不当，即使在形态造型上有审美价值，但由于容易损坏或不适于一定的消费条件，也会因丧失其使用功能而被淘汰，其使用价值和审美价值会因此而大大降低。

设计美学也是美学技术的构成部分，在以往的艺术设计学中，对于材料科学已有相当程度的重视。而现代信息社会的E时代，我们把它提高到具体材料美学的视点来分析，也许会有新的价值和新的发展。

我们不妨简略地从历史的角度来观察一下材料美学的过程。从人类的文化发展史，尤其是物质文化的历史发展来看，社会的进步、科学技术水平的发展是一个重要标志。然而，材料科学的进步有着非常显著的象征物。可以想象，在使用石器材料的时代，古人设计出青铜器的造型。在使用铁器的时代，设计出造型和轻巧的材料。一个时代会有一个时代的表征物，当然也就有其相应的材料美学原则。因为材料美与设计美是密不可分的，时代的民族文化特点，地理环境特点，都制约着人们对技术和材料的开发。

所以，在世界建筑文化史上，最明显的区别是东西方建筑结构构造的审美特色，就是两者材料的审美差异。东方人的木结构，西方人的石结构，正是两种不同的材料美的深厚积淀，形成了不同的建筑材料、造型与色彩。

从材料科学的发展观来说，古典西方建筑使用的石材，在现代已经被钢筋混凝土所代替。意大利建筑师P.L.奈尔维把它称之为是一种可以抗拉的人造“超级石材”。从建筑学观点上来看，由于引入钢筋混凝土，建筑技术与艺术之间关系的丰富和多样性获得了新的发展。这一材料独特的施工技术和造型的潜在能力，是意大利建筑美学大师在《建筑的美学和技术》（Aesthetics and Technology in Building）一书中阐述的主要问题，就是围绕着混凝土和预制混凝土丰富的造型艺术表现力而阐述的。这说明他从建筑材料的不同特点，来研究建筑的材料美学问题。德国建筑师密斯·凡德罗，被人们称为铁和玻璃一样的诗人。他能赋予材料以生命和美感，并且，他也善于处理这些材料的价值系统，使其表达材料的质感和趣味。他强调说：“所有的材料，不管是人工的或是自然的都有其本身的性格，我们处理这些材料之前，必须知道其性格，材料及构造方法不一定取上等的，材料的价值只在于用这些材料制造出什么东西来。”他把材料的审美价值充分地表现于设计性格之中。他设计的巴塞罗那国际博览会德国馆，开敞的空间没有明确的展室分割空间，但用玻璃和大理石墙划分着空间，这对室内布局的现代思想起着关键性的影响。墙体从地面贯通至顶棚的玻璃，同时，结构支撑依靠纤细的钢柱来完成。这一区域的装修采用了豪华的材料，包括大理石、花岗石、条纹玛瑙石、玻璃以及镀铬的钢材，来体现现代技术的审美价值观念。

我们要达到这个目的，就要有关于材料科学设计的广泛知识，了解其地方特色和经济价值，以便取“价廉”的途径，走进“物美”的境界。设计本身的材料价值观念，并不一定要求昂贵的。在设计师的巧妙意境营造之下，无用的或者本来价值很低的东西，也能变为有感染力的艺术作品。材料科学是随着建筑学、冶金学、高分子化学等学科的发展而日新月异的，材料美学所要研究的首要问题就是材质美、色彩美和运用美，它们相互联系统一，必然构成材料美的无穷乐趣。

2. 室内设计的技术美

在现代室内装修设计中，材料的表现作用不只是单一地强调某一方面的功能，而是在发挥其材料使用功能的同时，注重其独特的美感效果，从而满足人们的审美需求。材料包括天然材料和人工材料两大类别，其中的色彩、肌理、质地和形状在搭配中体现出来，设计师同时借助这些视觉美感元素，表达情感思想和对生活的理解。比如，变幻万千的大理石和花岗石板材争奇斗艳，材料所特有的色泽与质感，使艺术作品具有现代感，朝气向上。透明的玻璃在室内外之间形成与大自然融合无碍的视觉满足美感，将无尽的风景引入室内环境。天然的木材纹理给人以温暖，生机勃勃的感觉，仿佛回归大自然，胶合板曲木材料设计，成为各种舒适家具的选材，使人体工学原理得到了淋漓尽致的发挥。

室内设计的美感是构成室内环境的物质基础。换句话说，材料是空间环境的物质承担者，人们在长期的生活实践中，发现大自然中所存在的物质美的因素。春秋末年的齐国时，我国手工艺专著《考工记》中写道：“审曲而势，以离五材，以辨民器”。是说先要审视各种材料的曲直态势，再根据它们原有的本质性能加以精心雕琢，才能成为有用之器。其中还提出“天时，地气，材美，工巧”四个生产条件，认为优良的材质是生产制作的前提。所以，物化的人造环境，都是与一定时期的发展技术与审美水平是分不开的。室内设计中的材料、构造、工艺、技术和施工都是与具体实用的空间环境紧密相连的，它们从各个不同的位置规定、制约并构成了一个整体的室内设计艺术环境。

在当代室内环境设计发展进程中，设计大师们在材料的运用上给我们留下了丰富的宝贵经验。比如，密斯·凡德罗设计的美国范斯住宅是最能代表“密斯风格”作品的。这座用钢与玻璃为主要材料的私家别墅。用八根工型钢夹着一片地板阳台和屋顶板，四周为透明的大玻璃，只有中间有一小块封闭的空间是浴室、厕所及设备。除此之外，再无固定的遮掩与分割，简洁、明快，且纯净到极致，室内与室外环境融为一体，堪称精致的“水晶玻璃盒子”，它充分体现了密斯“少就是多”的设计美学思想与审美意蕴。芬兰设计大师阿尔瓦·阿尔托则体现了擅长运用木材材料来表现其设计意图的特点，并通过木材的肌理、疤节以及加工留下的痕迹来显示材质的自然韵味。路易·卡梅设计的住宅室内并兼画廊，从入口到起居室的室内空间连续，宛如拥有生命般的扩张和宣泄。他大量地使用木材并研究运用其中的质感和稳定性，提炼出许多设计语汇。为了改变和缓解工业时代材料的冷漠枯燥，他在钢筋混凝土钢柱和金属的门把手上，缠上藤条或皮革，流露出一股浓郁的地方特色和乡土自然气息，又在视觉美感上给人以舒适的享受。在他编写的《论材料与构造对现代建筑的影响》一文中写道 ："突破技术范畴而进入心情与心理的领域"。当时，阿尔托确实达到了新的设计审美境界，现代装修材料体现着现代的材料美与结构美。

由此可见，设计师对材料的认识是优秀室内设计的前提。设计师应十分重视材料与构造及其质感的研究和训练，意识到材料的特征功能等，只是靠语言来表述是不够的，而应该运用材料进行实践操作训练，并通过实际工程加以深化理解，探究其美感所在，这样方能创造出具有独特材质美感的作品来。再者，在探究如何有效地运用和发挥材料可塑性的过程中，质地美感是材料给人的感觉和印象，是材质经过视觉处理后产生的一种心理反应。材质是光和色呈现的物质本体，它的某些表现特征如光泽、肌理、色彩效果等，直接作用于人的感观，成为室内环境设计的形式因素，引起人们的视觉联想。如大理石的表面光洁，多运用在银行、保险公司、法院等场所，使人感到坚硬的力度感，稳定、安全与信任。而棉麻制品等则使人引起温暖、舒适与柔和的联想。室内设计师在设计中适当运用联想来加强效果是一种行之有效的方法。西方一些室内设计师在运用感知素材的肌理，大胆地暴露水泥模板表面，木材、玻璃、钢铁等复合材料时，着意渲染的是材料的技术美、素质美和肌理美。因而，在室内环境设计中产生创造性的肌理效果和追求人们的心理效应，逐渐为室内设计师所追求。如图1-3-11 ～图1-3-16所示。

图1-3-11　德国汉诺威博览会节能环保材料展示

图1-3-12　博览会可降解的瓦楞纸材料

图1-3-13　博览会可降解的自然竹木材料

图1-3-14　博览会可降解的纸质材料

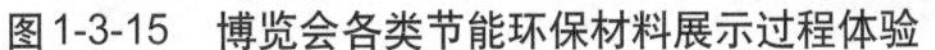

图1-3-15 博览会各类节能环保材料展示过程体验

图1-3-16 博览会节能环保材料展示过程体验

3. 室内设计的色彩美

色彩的表现是以材料为载体，它作为首要视觉语言是借助材料来表达、传递感情的，成为影响人们生理与心理变化的因素。材料是色彩的载体，色彩有衬托材料质感的作用。色彩美学这一概念是20世纪中叶由瑞士美术理论教育家，毕生从事色彩学研究的大师约翰内斯·伊顿（Johannesa Itten）提出的，他在《色彩艺术——色彩的主观经验与客观原理》一书中说“对比效果及其分类是研究色彩美学一个适当的出发点”。主观调整色彩感知力同艺术教育和艺术修养，建筑艺术和广告设计都有密切关系。色彩美学包括以下三个研究方面：印象（视觉美感上）、表现（情感表达上）、结构（象征意义上）。伊顿不仅提出“色彩美学”这一学科要领，还提倡从美学、生理学和心理学角度对色彩的审美视觉传达效果、在审美情感的反映与表现、象征与描绘、内在与外在结构形式等问题上进行深入研究。

色彩美学可从多方面研究，如色彩的本质、分类、属性等，孟赛尔色立体等均是色彩美术基础，这里不做过多描述，仅就材料的色彩美做一分析。

材料的色彩可分为以下几大类。

（1）材料本身具有的天然色彩特征与色彩美感，它是不需要进行任何色彩加工和处理而具有的自然朴素的美，如天然木材，石材图案花纹等。

（2）复合加工的成品材料色彩，如防火板、金属板面板色彩图案等，在表现中无须经过后期加工处理而带有机械的美。

（3）依据室内装修设计空间造型要求和实际表现的特殊加工技术和工艺手段，对材料进行色彩处理，改变其本色。

往往最后一种正是室内设计师创意的始点，也是表现的亮点，可收到意想不到的好效果。

然而，设计材料的色彩表现并不一定能达到我们所想象的效果，也不像调色盘上的色彩那样能应用自如。而是在一定程度上受到材料本身的性能和生产技术的限制，这就需要设计师了解工艺，掌握更多的知识方能运用自如。

日本当代建筑大师安藤忠雄的作品——飞鸟博物馆，硕大的弧形混凝土墙面，木质的家具对比巧妙地建构成特别的形态，混凝土与土黄色木材在相互映衬下比独立状态时更为优美动人。建筑大师贝聿铭先生在做法国卢浮宫玻璃金字塔的时候，对玻璃的要求很高，当时法国的玻璃供应商无法制作，最后只得借用德国的配方技术，生产出完全透明的玻璃。可见，色彩对材料的要求对建筑装修和室内设计是多么重要的一个方面。室内环境色彩是各种装饰材料的体现，现代装修材料的种类繁多，丰富多彩，是室内整体色彩的重要组成内容，我们在实际运用装修材料过程中，要合理巧妙地运用装修材料色彩，体现室内装修环境设计的效果，提高整体室内环境设计的品位与档次，体现现代装修材料的色彩美。

室内设计的色彩美，是以材料为基本载体，但色彩美不仅仅是材料材质的自身色彩美效果，它应是整体环境中自然色彩与人工色彩的具体表现，即室内光环境的综合表现与运用。

光环境是物理环境中的一个组成部分，它与材料的物理环境、热环境、湿环境同样都不可忽视。对建筑空间来说，光环境是由于光照射于其内部空间所形成的环境。因为光形成一个自然的循环系统，包括室内光与室外光环境，是在室内空间由光照射而形成的环境，映在不同材料之间，其功能是要满足物理、生理、视觉、心理、情感和美学等方面的要求。光在空间环境和材料美两者之间有着相互依赖、相辅相成的关系。室内空间中有了光才能发挥视觉功效，才能在空间中辨认材料物体的造型、色彩与美感；同时，光也以空间为依托显现它的状态、变化和表现魅力。

光环境分为自然采光和人工采光两种基本形式，无论哪种形式在室内空间中都必须通过物体材料形成光环境。比如光透过透明或半透明的材料，映射出色彩斑斓的效果；通过凹凸不平的体面，会出现强烈的立体感；透过似透非透的光影渐变，又会产生不同的艺术效果。再加上材料表面的颜色、质感、光泽等材质本色，就会形成你所创意的光环境色彩意境。现代装修材料的运用处处体现着光环境美。如图1-3-17 ～图1-3-22所示。

图1-3-17　光导管设计原理

图1-3-18　光导管折射安装

图1-3-19　室内节能设计应用

图1-3-20　室内节能设计应用

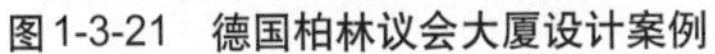

图1-3-21　德国柏林议会大厦设计案例

图1-3-22　德国柏林议会大厦设计案例

⊙本章要点、思考和练习题

本章从室内设计的历史介绍缘起，人、建筑与室内环境设计的关系，室内设计师的必备修养等认识室内设计的概念，分析室内设计的思维、要素和室内设计的内容与目的。了解技术与艺术的结合，发展绿色、环保和生态设计，以科学与艺术发展观来审视室内环境艺术设计。

1. 简说室内设计的基本历史过程。
2. 简说人、建筑与环境之间的关系。
3. 简说室内设计的概念、内容与目的。
4. 如何做一名优秀的室内设计师?
5. 如何认识室内的绿色、环保与生态设计?
6. 如何认识室内设计的科学与艺术的结合?

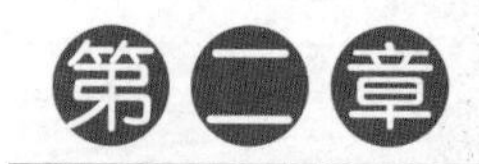

第二章 室内设计专业基础知识

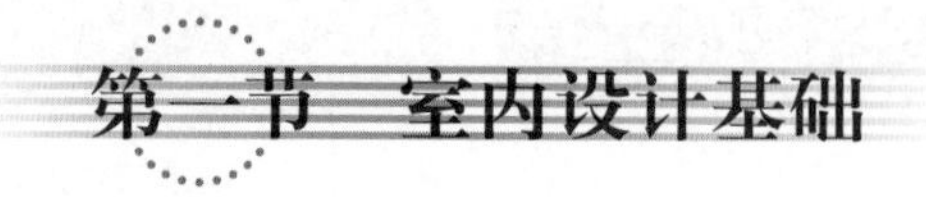

第一节 室内设计基础

一、装饰美术基础

（一）美术与设计基础

在造型能力美术与设计基础的学习上，室内设计专业不同于纯绘画专业，但是美术基础的一系列训练又是不可缺少的。艺术院校的室内设计专业的学生，是一个特殊的学习群体，大多数学生从小就开始学习绘画，展露出艺术方面的天赋。在大学进入室内设计专业课程学习之前，他们所进行的几乎都是绘画方面的练习，绘画作品是一种很个性的思维锻炼，它强调主观的思想表现，体现个体的审美情绪。反而，接触设计相对较少，更谈不上室内设计、建筑设计及环境设计。室内设计专业具有分析环境、解决好功能与形式、优化设计方案等系列过程，从而创造室内空间舒适的、优美的生活环境。

作为美术基础的训练技能，首先要解决好空间造型能力、色彩塑造能力和空间想象力。例如，艺术理论（包括中外建筑艺术史论、现代室内设计史论）、设计素描、建筑写生（包括室内外）、装饰色彩、综合绘画等，还有透视画法、测绘等。

在装饰设计方面，应学习图形创意、装饰图案设计、家具与灯具设计、建筑视觉与造型设计等，还有装修材料与构造、住宅空间、商业空间、公共空间等专题设计等。

（二）美术作品设计的作用

美术作品是加强室内艺术气氛的重要手段。绘画作品的好处是既能补壁又不占空间；雕塑作品的好处是既能点缀环境又能起到空间过渡的媒介作用。但是，陈设好美术作品并不是一件容易的事。首先要考虑美术作品一旦进入室内空间，就必须从属于它所在的空间，并为室内空间的艺术形象增添光彩；另外还要注意到，任何一件美术作品都有其自身的存在意义，绝不能因为它从属于特定室内空间而丧失了本身的艺术特性和价值。因此，如何恰当地选择和陈设艺术品是值得认真研究的。

例如，在一个侧面开窗的长廊拐角处，设计师往往面临一个末端的处理问题。这种狭长形的空间端部是装饰上的难点，弄得不好就会出现“败笔”。或许，我们可以用一个小型雕塑来强调一下这个容易被忽视的角落，从而使之获得适当的空间地位。同时，所陈设的雕塑也拥有了充分展示自己的理想背景。又如，当一组很舒适的家具按室内功能和人的行为“流线”靠在大空间中的某一侧面时，位置经营虽合理但不够引人注目，如果在这组家具的背景墙面上挂一件美好的绘画作品，就既能加强空间之间的联系，又能充分展现绘画作品本身。

显然，选择及陈设美术作品，一方面要求设计师要善于经营位置，另一方面也要求设计师有个好眼力，能选择与特定空间内容相关、风格协调的美术作品。如果设计师缺乏造型艺术修养，有壁就补绘画、有空就摆雕塑，后果只能是败坏美术作品、破坏空间气氛。为了确保对美术作品选择的准确性和设计的合理性，我们必须研究影响这一工作的各种因素。

（三）艺术作品设计

用以创作现代美术作品的媒介很多。新的材料不断涌现，传统的艺术手段也在不断地进行着自身技法上的变革，斑斓多彩的艺术世界向室内设计师提供了很多的选择可能性，应特别注意的是不同品种的艺术品对室内有其特定的空间要求。

油画、壁画、镶嵌画力度较强，要求有一定的视距，水彩画和水印木刻的色彩一般都比较明快，注重表现用水的韵味，但相对于油画等则力度较弱，大都适于近距离观赏。前者能在大空间里展现，而后者则在小空间内比较适宜。木刻、石版、铜版以及素描作品多是黑、白、灰效果，十分素雅，宜于用来创造室内的特殊气氛。特别是在那些带点书卷气息的房间里．装点效果极好。

中国画是我们民族的瑰宝，种类题材、风格、技法很多，在这样丰富的艺术园地里可供室内设计师选择的作品极多，作品本身的适应性也极强。

大多数绘画作品都要装裱或加镜框。装裱上要注意图与底的关系，加镜框要考虑材质与用料宽窄，而且还要认真研究是否要加玻璃。一般来讲，图与底的关系要依美术作品的色彩明度和黑、白、灰之间的关系来定，加哪种镜框要根据画风而定，是否加玻璃要看会不会因加玻璃造成眩光而破坏画面的色彩效果和是否影响有表现力的笔触。如图2-1-1所示。

(a)（何镇强　绘）　　(b)（周长亮　绘）

图2-1-1　钢笔室内画速写

雕塑作品在室内是肯定它的空间地位的，现代雕塑的材料和造型手段也有着较大的变化，事实上现代雕塑的发展与现代建筑的发展几乎是同步的。在现代环境中，各自的独立地位相对削弱，而更加注重自身作为整体环境中的空间媒介的作用。尤其是非主题性的抽象雕塑，它几乎是完成空间过渡或转折的“空间符号”，当雕塑完成自己的整体空间构成成分的性能时，雕塑才能体现自己独立的艺术含义，而室内设计师的工作正是去努力调节雕塑作品与室内空间的关系，达到融为一体的艺术目的。雕塑是三度空间的艺术品，与建筑一样，它是借助光、影来艺术地展现自己的体量变化和审美功能的。因此，陈设雕塑就要为它留有空间余地，选择良好的自然光或人工照明。

绘画作品则是以形、色、肌理、韵味来体现自己的艺术形态的。它所需要的一般是无色的光源，同时，根据不同的绘画品种和大小，要求不同的视距与能衬托它的背景。换言之，不同的美术作品有其不同的空间要求，这是要先予以考虑的问题。另外，设计师还得顾及美术作品的制作材料和背景材料之间的关系。我们不能违背客观的视觉规律，使室内环境中充满不必要的肌理变化，使美术作品与室内装修材料之间发生冲突，致使各种材料的表现力相互抵消。要陈设美术作品就要有衬托它的条件，只有美术作品形成室内空间中某一部分的构图中心时，用它们来美化室内空间的目的才有可能达到。

陈设美术作品时同样还会遇到艺术风格的统一问题。所谓风格问题是没有教条式的答案的，我们仅能提供一些建议，供持有不同艺术旨趣的人参考。生活、工作在现代化的室内环境里，坐的是摩登家具，用的是现代的工业产品。从房子的结构到人的衣着都具有现代意味。自然，用来美化环境的美术作品从主题到艺术手段，应多一些时代气息为好。

图2-1-2　色彩画写生（周长亮 绘）

同样，如果置身于民族风格、地方风格的内部空间的，人们也自然希望看到那些反映本民族的审美习惯，反映地方风格的美术作品。至于作品的主题，有一点是无可争议的，那就是必须服从于空间的功能属性，即表现那些与在特定空间中，人们从事特定活动直接或间接相关的内容。

例如在剧院、体育馆、纪念馆、图书馆、学校等这类专业性很强的室内空间里，美术作品除了单纯在视觉上调节空间气氛的吸引作用之外，还应有鼓舞人、教育人的实际功能。如图2-1-2 ~ 图2-1-7所示。在现代建筑中，往往会出现一些非主题性的抽象美术作品，但是，它们作为一种视觉材料也必须起到关怀人的行为心理状态的作用，务必消除令人不愉快的感觉。如过分污浊的色彩就会令人联想到腐败物质的质感，而给人一种不健康的视觉刺激。

(a)

(b)

图2-1-3　色彩画写生（周长亮 绘）

(a)

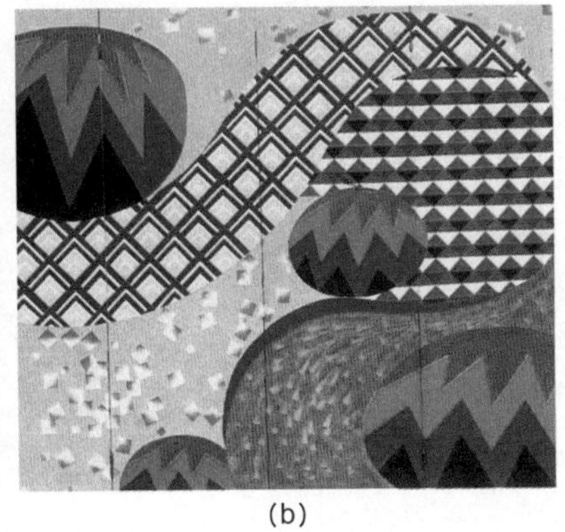
(b)

图2-1-4 装饰壁画壁饰

图2-1-5 装饰设计图案

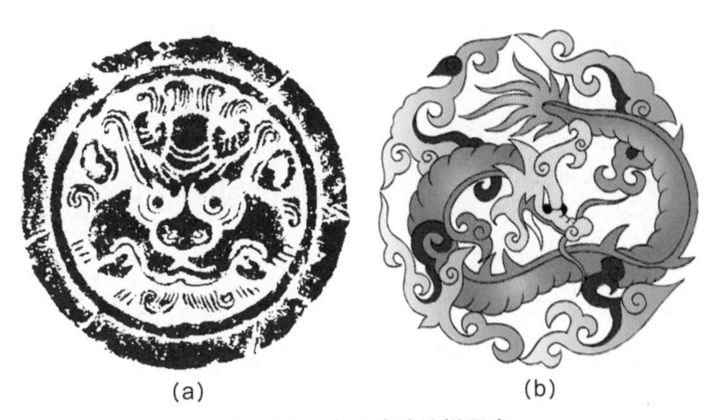
(a) (b)

图2-1-6 中国传统纹样图案

(a)

(b)

(c)

图2-1-7 中国民间吉祥图案

二、建筑与装修知识

（一）建筑设计基本知识

1. 建筑物的分类

建筑物的分类一般分为民用建筑、工业建筑和农业建筑，涉及室内装修设计的大多为民用建筑。民用建筑按照使用功能与修建数量和规模大小及层数多少、耐火等级、使用年限等有不同的分类方法，不同类的建筑又有不同的构造设计特点和要求。

（1）按建筑的使用功能分类。

1）居住建筑。如住宅建筑、别墅建筑、公寓建筑、宿舍建筑等。

2）公共建筑。如行政办公楼建筑、文教建筑、托幼建筑、医疗建筑、商业建筑、观演建筑、体育建筑、展览建筑、交通建筑、通信建筑、园林建筑、纪念性建筑等。

（2）按建筑的修建和规模大小分类。

1）大量性建筑。是指量大面广的建筑，与人们生活密切相关的建筑。如住宅、学校、商店、医院等，这些建筑在大中小城市和乡镇都是不可少的，修建量大，故称为大量性建筑。

2）大型性建筑。指规模宏大的建筑。如大型办公楼、大型体育馆、大型影剧院、大型火车站、航空港及大型博物展览馆等。这些建筑规模大、耗资大，与大量性建筑比起来其修建量是有限的，但这类建筑对城市面貌影响较大。

（3）按建筑的层数分类。

1）低层建筑。一般指1～3层的建筑。

2）多层建筑。一般指高度在24m以下的3层以上建筑。在住宅建筑中，又将7～9层界定为中高层住宅建筑。

3）高层建筑。世界上对高层建筑的界定，每个国家各不相同。按我国现行的《高层民用建筑设计防火规范》中规定，10层及10层以上的居住建筑和建筑高度超过24m的其他非单层民用建筑均为高层建筑。高层建筑根据其使用性质、火灾危险性、疏散和扑救难度等，又分为一类高层建筑，二类高层建筑和超高层建筑。

（4）按民用建筑的耐火等级分类。

在建筑设计中应该对建筑的防火安全给予足够的重视，要满足相关规范要求，在选择结构材料和构造做法上，应根据其性质分别对待。现行《建筑设计防火规范》是根据建筑物的耐火极限和燃烧性能两个因素来确定的。一级耐火性能的建筑，通常按一、二级耐火等级进行设计；大量性的或一般的建筑按二、三级耐火等级设计；很次要的或临时建筑按四级耐火等级设计。

建筑的耐火等级程度是根据我国现行规范规定。耐火等级标准主要根据房屋的主要构件，如墙体，梁柱，楼板，屋顶等的燃烧性能和它的耐火极限来确定。耐火极限是指按规定的火灾升温曲线，对建筑构件进行耐火试验。从受到火的作用起，到失去承受能力或发生穿透裂缝或背火一面温度升到220℃时止，这段时间称为耐火极限，用每小时计算表示耐火等级标准。

（5）按建筑的耐久年限分类。以主体结构确定建筑耐久年限分为四级。

1）一级建筑。耐久年限为100年以上，适用于重要的建筑和高层建筑。

2）二级建筑。耐久年限为50～100年，适用于一般性的建筑。

3）三级建筑。耐久年限为25～50年，适用于次要的建筑。

4）四级建筑。耐久年限为15年以下，适用于临时性的建筑。

建筑物使用年限分类即质量等级标准，它是建筑物设计最先考虑的重要因素之一，在进行建筑设计使用材料构造设计时，不同的建筑等级，采用不同的标准，选择相应的材料、构造与结构类型。

(6) 按建筑物的结构分类。建筑结构是指建筑物承重结构类型。一般分为砖混结构、框架结构、轻钢结构三大类型。目前城市建设建筑设计大多以框架结构居多,轻钢结构建筑也逐渐多起来。砖混结构一般为多层住宅，框架结构和钢结构多为公共建筑部分。

1）砖混结构。建筑承重结构构件墙、柱为砖砌筑而成的建筑。楼板层面多采用混凝土浇筑，此类建筑墙及转角处应加设构造柱，并大多为七层以下的楼房，称为低层或多层建筑。

2）框架结构。建筑物承载结构以钢筋混凝土现浇而成的建筑。梁柱、楼板，屋面板也是钢筋混凝土现浇，墙体大多为填充墙（加气混凝砖墙、多孔砖墙及轻体材料），并每隔五米左右增加有构造柱。此类建筑多为小高层建筑（七层以上）和高层建筑。

3）轻钢结构。建筑物承受结构以大型型钢（工钢、槽钢、异型钢）为梁柱、楼板的建筑。但钢材表面必须涂有防火涂料，与屋面板连接而成。楼面板另铺设现浇混凝土薄板，墙体、屋面多用轻体保温隔热彩钢板。此类建筑多以施工快捷为特点，有时也可与框架结构合用两种结构形式，如建筑主体塔楼为框架结构，而裙房则为轻钢结构。

2. 建筑物的构造

建筑物的组成是根据建筑要求的不同，由结构形式、建筑构件组合而成。在平面图中可表示出房间用途、楼梯大小、通道形状，门窗数量以及位置、尺寸等。在立面图上可表示建筑物的外观、墙体、屋顶立面造型等。在剖面图中可表明建筑空间的层高，各部分标高，使用的材料和基本构造设计做法等。

根据上述的平面图、立面图和剖面图，我们可基本上对建筑物各部分的组成内容，有一个整体的概念，这对我们进一步学习和掌握室内装修材料与构造设计知识是很有必要的。

建筑物的构件是由地基基础、内外墙体、楼（地）板、楼梯台阶、门窗和屋顶等主要六大构件所组成。

（1）地基基础。基础是建筑物地面以下的承重构件。它承受建筑物上部结构传下来的全部荷载，并把这些荷载连同本身的重量一起传到地基上。地基则是承受由基础传下来的荷载的土层，地基承受建筑物荷载而产生的应力和应变随着土层深度的增加而减小，在达到一定深度后就可以忽略不计。

基础是房屋的重要组成部分，而地基与基础又密切相关。若地基基础一旦出现问题，就难以补救。从工程造价上看，以一般4～5层民用建筑为例，其基础工程造价均占总造价的10%～20%之间，所以要求它坚固、稳定，基础的大小，形式取决于建筑自身荷载的大小、土地的耐力、材料性能和承重方式等因素。

（2）各类墙体。按墙面所处位置及方向可分为内墙和外墙。外墙位于房屋的四周，故又称为外围护墙。内墙位于房屋内部，主要起分隔内部空间的作用。墙体按布置方向又可分为纵向墙和横向墙，沿建筑物长轴方向布置的墙称为纵墙，沿建筑物短轴方向布置的墙称为横墙，外横墙俗称山墙。另外，根据墙体与门窗的位置关系，平面图上窗洞口之间的墙体可以称为窗间墙，立面上下窗洞口之间的墙体可以称为窗上墙或窗下墙。

1）按受力情况分类。墙按结构竖向的受力情况分主承重墙和非承重墙两种。承重墙直接受楼板及屋顶传下来的荷载重量。在砖混结构中，非承重墙可以分为自承重墙和隔断墙，自承重墙仅承受自身重量，并把自重传给基础。隔断墙则把自重传给楼板层或附加的小梁。在框架结构中，非承重墙可以分为填充墙和幕墙等。填充墙是位于框架梁柱之间的墙体，当墙体悬挂于框架梁柱的外侧起围护作用时称为幕墙，幕墙的自重由其连接固定部位的梁柱承担。位于高层建筑外围的幕墙，虽然不承重竖向的外部荷载，但受高空气流影响需承受以风力为主的水平风荷载，并通过与梁柱的连接传给框架荷载承重系统。

2）按材料与构造方式分类。墙体按构造方式可分成为实体墙、空心墙和组合墙三种形式。

实体墙由单一材料组成，如普通砖墙，实心砌块墙，混凝土墙，钢筋混凝土墙等。空心墙也是由单一材料组成，既可以是由单一材料砌成内部空腹的墙体，例如空斗砖墙、空心砌块砖墙、空心板材等，也可以用具有孔洞的材料建造墙体。组合墙由两种以上材料组合而成，例如钢筋混凝土和加气混凝土构成的复合板材墙，其中钢筋混凝土起承重作用，加气混凝土起保温隔热的作用，但不承重。

（3）楼（地）板层。包括楼面和地坪层，是水平方向分隔房屋空间的承重构件。楼面层分割室内上下楼空间，地坪层分隔室外地面与底层空间。由于它们均是供人们在上面活动的，因而有相同的面层。但由于它们所处位置不同，受力不同，因此结构层有所不同。楼盖层的结构为楼板，楼板将所承受的上部荷载及自重传递给墙或柱，并由墙柱传给基础。楼面板层有隔声等功能要求，地坪层的结构层为垫层，垫层将所有承受的荷载及自重均匀地传给夯实的地基基础。

（4）楼梯台阶。建筑空间的竖向组合交通联系依托于楼梯、台阶、电梯及自动扶梯等竖向交通设施。其中楼梯作为竖向交通和人员紧急疏散的主要交通设施，使用最为普通。垂直升降电梯则多用于七层以上的多层建筑和高层建筑以及一些标准较高的低层建筑。自动扶梯常用于人流量大且使用要求相对较高的公共建筑，台阶用于室内外高差之间和室内局部高差之间的联系，还有爬梯及坡道，爬梯专用于使用频率低的检修梯等。台阶一般在建筑室内空间中尺寸为150mm高×300mm宽，若在室外则尺寸为：150mm高×350mm宽。

（5）门和窗。门和窗是建筑构造构件的重要组成部分。门的主要功能是交通联系，分割与闭合内部空间之用，窗主要供采集自然光线和通风之用，它们均属于建筑的围护构件。在设计门窗时，必须根据有关规范和建筑的使用要求来拟定其形式及尺寸大小。造型要美观大方，构造应坚固、耐久，开启灵活、严紧，便于维修和清洁。规格类型应尽量统一，并符合现行《建筑模数协调统一标准》的要求，以降低成本和适应于建筑工业化生产的需要。

门窗按其制作材料可分为：木门窗，铝合金门窗，塑钢门窗和彩板门窗等，其开启方式多种多样。

（6）屋面。屋面屋盖是房屋最上部的围护结构。应满足相应的使用功能要求，它为建筑提供适宜的内部空间环境，屋面屋盖也是房屋顶部的承重结构。它必受到材料、结构、施工条件等因素的制约。屋面屋盖又是建筑体量的一部分，其形式对建筑物的造型有很大的影响，因而设计中还应注意屋面屋盖的美观问题，应在满足其他设计要求的同时，力求创造出适合各种类型建筑艺术造型的屋面屋盖。

3. 建筑构造设计模数

为了实现建筑工业化大规模生产和完善设计施工规范化，室内装修构造设计同建筑设计尽可能地要协调一致，因此了解建筑构造设计模数就很有必要了。在使用不同材料、不同形状和不同构造方法的建筑构件配件时，具有一定的通用性和互换性，在建筑设计和室内装修构造设计中应尽可能地共同遵守建筑模数协调统一标准。

（1）模数。模数是选定的标准尺度单位。作为尺寸协调中的增值单位，所谓尺寸协调，是指在房屋构配件及其组合的建筑中，与协调尺寸有关的规则，供建筑设计、室内装修设计、建筑施工、建筑材料制品及设备等采用，其目的是使构配件安装时尽量标准、吻合，并有互换的性能。

（2）基本模数。基本模数是指模数协调中选用的基本尺寸单位，数值规定为100mm，符号为M即1M=100mm，建筑物和建筑部件组合的模数尺寸，应是模数的倍数。目前，世界上绝大部分国家均采用100mm为基本模数值。

（3）模数协调。为了使建筑在满足设计要求的前提下，尽可能减少构配件的类型，使其达到标准化、系列化、通用化，充分发挥投资效益，对大量性建筑中的尺寸关系进行模数协调是必要的。

（4）导出模数。导出模数分为扩大模数和分解模数。

1）扩大模数。指基本模数的整倍数，扩大模数的基数为3、6、12、15、30、60共六个，其相应的尺寸分别为300、600、1200、1500、3000、6000mm。

2）分解模数。指整数模数除以基本模数的数值，分解模数的数值为1/10、1/5、1/2M共3个，其相应的尺寸分别为10、20、50mm。

作为室内环境艺术专业的学生，虽然不能深入全面地去学习诸如建筑材料、建筑构造、建筑物理、建筑结构、建筑节能等专业课程，但因为本专业涉及很多建筑学科的基础知识内容，所以，更多地了解建筑学科技术方面的知识，才能真正理解和把握好室内装修设计，灵活地运用其使用功能设计。这将会对室内装修材料与构造设计及认识实践过程带来更多益处，仅在此作一简要介绍。

在建筑材料中，从建筑物的基础、结构、墙体、门窗、楼梯直到屋顶，无一不是由各种建筑材料经过恰当的选择设计、施工而成的。建筑材料的数量、品种、规格以及造型色彩等，都在很大程度上影响建筑物的功能和质量，影响着建筑的适用性、艺术性和耐久性。

从本质上说，建筑材料是建筑物体的基础，材料决定了建筑物的基本形式和施工方法，也决定了建筑物实用的重要性。例如，我们经常接触的金属材料有钢材钢筋、铝合金、有色金属等；天然石材有建筑石材、石灰、硅酸盐水泥、砂石砂浆等；玻璃、木材及烧制品、建筑陶瓷、木质门窗等。所以，建筑材料的发展科技水平，也影响着室内设计的发展水平，作为建筑类环境艺术专业的学生，也应对建筑材料有一个初步的认识。

4. 建筑材料分类及用途

（1）主要分类。

1）天然石材：建筑上常用的有花岗石、砂岩板、大理石等。

2）烧土制品及玻璃：各种内外墙体，填充墙，玻璃幕墙等。

3）气硬性胶凝材料：建筑石膏石灰、水玻璃等。

4）水泥及制品：各种水泥及硬度标号，使用范围标准等。

5）金属材料：建筑钢材，铝及铝合金等。

6）木材：木材的物理力学性质，装饰性能与合理应用。

7）沥青材料：沥青防水涂料、卷材等。

8）合成高分子材料：建筑塑料制品，胶黏剂和嵌缝材料。

9）绝热及吸声材料：各种绝热与吸声材料的应用。

10）建筑涂料：各种内外墙涂料及油漆。

11）建筑防火材料：各种阻燃材料等。

（2）主要用途。

1）结构材料。是指主要用在建筑物体结构骨架部分的材料。如建筑钢材，钢筋混凝土及黏土砖等。

2）构造材料。是指主要用在建筑构造的连接部分内嵌、外连的材料。如钢板预埋、铝板嵌缝，以及构造连接部分材料。

3）防水材料。主要起到建筑层面以及具有防水功能空间位置的材料。如二毡三油卷材、聚氨酯防水涂料等。

4）地面材料。大理石、花岗石、墙地砖、水泥压光地面等。

5）饰面材料。是指主要起到建筑保护与装饰作用的材料。如外墙涂料、内墙涂料、墙砖、水刷石等。

6）隔热、吸声材料。主要起到建筑的隔声、隔热，吸声、保温的功能性材料。如岩棉板、发泡板等。

7）卫生工程材料。是指主要起到建筑室内实用功能方面的材料。如聚乙烯塑料制品、陶瓷卫生洁具等。

8）其他特殊材料。主要起到建筑与室内装修构造、伸缩缝等细部构造材料，如硅橡胶。

（二）装修设计基本知识

同样是设计，但是有经验的设计师就可以轻松自如地理解建筑设计、材料选择、构造技术和施工工艺等系列内容，究其原因是这些设计师对设计图纸有着深入透彻的理解能力。因此他们能针对具体方案创意、实用功能和地域特征来进行创造设计。

1. 读图的方法

根据实践经验，读建筑图的方法一般是从整体到局部，再由局部回到整体，相互对应，逐一核实。

（1）先看设计说明、做法说明和目录，了解整套图纸的设计定位与要求，建筑结构形式，墙体、梁、柱、楼板标高等设备状况等。

（2）按照图纸目录，分别从平面图、立面图、剖面图顺序对应着看，检索建筑设计所使用的材料与构造大样、技术做法，并掌握和认识了解该图纸建筑方面的技术问题。

（3）各专业的图纸对照着通看。顺序分别是建筑、结构、电气、水暖及各专业部分的相关内容。

建筑施工图中平面图和剖面图里的技术信息最多，应首先了解建筑的开间与进深尺寸，轴线定位，建筑造型与空间关系等，然后依据平面图展开对应的立面图和剖面图，清楚楼层标高、净高尺寸，以及门窗具体位置等，还有建筑结构件的尺寸、使用材料等。通过阅读建筑施工图，了解建筑的基本轮廓，在接下来的工作中，做到心中有数，且有所准备地进行室内装修设计创意方案。

2. 装修施工图衔接

建筑室内装修施工图，要比建筑施工图的绘图量大的多，且主要是材料与构造大样节点图。室内装修施工图要根据建筑施工图画出平面图、立面图、剖面图，并确定立面图、剖面图实际净高，然后深入地做出各部分的材料构造大样图纸，具体应包括顶棚平面造型、灯饰、空调系统、消防系统，墙面做法（强调主墙面），门窗、暖气罩、窗帘盒做法等，以及材料统计表、家具、灯具一览表、设计说明等等。

在绘制完成室内装修施工图的基础上，对应各专业设计图纸，查看有无碰撞现象。要反复对照、检查，保证准确无误，然后才能提交给各专业负责人校对施工图纸。总设计师签字（章）后方可出图，提交建设单位和施工单位。在适当时间，工程设计人员会同建设单位、施工单位一起会审图纸（交底）后，才能进行施工。

3. 装修构造设计画法

室内设计的表达方式首要的是工程设计图纸，所以，要多观察、多留意、多接触材料与构造的工艺做法，从不同的角度思考构造设计思路，多多了解课程以外的设计规范、标准图集、工程施工及实例分析等材料与构造节点大样图，分析各室内空间各个部位构造的不同处理方式，体会不同材料的处理方法，并进行归纳总结。

（1）基本理论知识。

1）了解建筑与装修设计知识，建筑材料、建筑构造和建筑设计规范等。

2）学习室内装修设计各种材料性能、品种、色彩知识，了解材料的基本发展与现状。

3）掌握室内装修各种构造设计做法，整体与局部的处理手法和审美能力。

4）把握装修材料选用原则与构造设计规范并灵活运用，发展绿色材料基本方向。

（2）基础设计知识。

应注意装修材料的环保设计，并节约能源，减少空气污染源，遵循安全设计、防火设计、经济设计、美观美感设计等原则，其最终目的是保护建筑物的耐久性，改善具体空间环境，创造舒适的工作与生活环境条件。

(3) 调研市场。

在以上理论基础、制图能力与设计原则的基础上，要考查调研材料市场、实地参观装修生产工艺和施工工地现场，这一环节应是课程主要内容之一。通过对材料市场、施工现场的调研、参观，使学生对装修材料与构造有一个基本的认知、理解，并搜集整理材料样品和常用装修材料以及建材厂家目录样本及调研、参观中总结的心得体会，写出设计调研报告。做到心中有数并运用到工程设计实践当中。

另外，室内设计是一门实践性很强的专业课程，内容复杂。但只要学生有条理地理顺概念、定义和设计应用步骤，就可以运用自如。学习本课程需要一定的施工现场学习环节，将理论知识与实践经验有机地结合在一起，有意识地获取施工现场经验知识，通过完成大量的、完整的材料与构造设计作业和练习，进一步理解和掌握理论应用知识，把握我国现行设计规程和规范要求。

学习本课程应理论联系实际，让学生亲自动手，激发学生的浓厚兴趣。在室内装修设计中，只有技术、经济、艺术与工艺的统一，才是体现室内环境艺术专业设计水平的主要衡量标志，也是建筑室内装修设计工作者的基本任务。在此基础上熟悉它、应用它。原则上本课程应在老师的指导下，有系统、有重点地学习。应该做到理论知识与实际工程设计相结合，并注意实用艺术之间存在的内在联系。

三、施工工艺知识

（一）室内装修施工特征

室内环境艺术设计作为现代艺术设计学科，其设计艺术风格的形成和变化同建筑学是密不可分的，建筑作为整个环境空间的主体，是环境艺术的载体，环境艺术设计的发展变化离不开建筑主体空间；环境艺术是人为创造的，是人类生活艺术化的生存环境空间。而通常意义上的室内环境艺术设计即是指室内设计。室内装修设计主要是从环境艺术的角度，来研究室内空间中墙面、柱面、顶棚、家具、地面等界面的艺术设计及饰面材料的选择使用。

室内装修包容于环境艺术设计之中，室内装修侧重于从装修材料、装修构造和装饰施工工艺的角度来研究建筑室内空间的界面构成。室内装修工程是建筑工程的主要组成部分，室内装修施工是建筑施工的延续和深化，在装修施工中应注重对建筑主体结构的保护，而不能片面追求装饰艺术在建筑上的表现形式。在装修工程实践中，特别是老建筑的二次装修施工中，任意拆除建筑局部结构构件、野蛮开洞施工、随意接移建筑设备管线、封堵消防通道、拆除消防楼梯等，都会影响建筑物的正常使用功能而造成安全隐患。

1. 室内装修工程施工的专业特征

室内装修工程施工是一项综合性很强的生产活动，其施工特点具有施工工期相对较短、手工操作技术要求较高、装饰材料耗费较大、装饰装修工程造价占用建筑工程总造价比例较高等专业特征。目前随着装饰装修行业施工工艺的进步、施工装备的改善提高及建筑装饰装修材料工业的迅速发展，我国室内装修行业的施工现状得到了较大改善，在装饰装修工程施工中大量采用了干法作业和装配化施工工艺，极大改进了传统装修工艺中湿作业多、作业条件差、费工费料的缺陷。目前装修工艺中的各种射钉技术、自攻螺丝、抽芯铆钉、螺栓锚固等连接技术，新型环保胶黏剂的黏结技术，装饰施工小型电动、气动工具的普及和发展，都使建筑装饰装修工程施工工艺得到了极大的简化和提高。

室内装修工程施工同其他建筑设备的关系较密切，如中央空调管道系统、风口位置、电气照明管线系统、各种灯具安装、给排水管道系统、卫生洁具安装等存在相互衔接配合的施工作业关系；同时装饰装修工程施工的工序项目类别复杂，还有许多处于隐蔽部位的操作工序通常被表面的饰面装修所覆盖，大量的预埋铁件、锚固件、连接件、基层骨架的处理，各种防火、防水、防潮、防腐、防渗、隔音、保温隔热等的构造处理措施，如果施工不当、偷工减料、削减工序、野蛮操作等，均有可能给正常使用留下隐患；因此，作为装饰装修行业的从业人员，必须是经过各种正规专业培训的各类持证上岗技术人员。

建筑装饰装修工程施工的工序复杂，各工序中所需的工种也非常繁多，具体装修施工中需要它们之间相互协调配合；这些工种通常由木工、抹灰工、玻璃工、油漆工、水暖工、电工等组成。由于室内装修工程的空间受限，场地狭小，容易出现窝工拥堵现象，因此应做好施工组织设计及确定科学的施工方案，使装修施工现场各个工序和工种之间衔接紧凑，有条不紊，把握好人工、材料、施工机具和工期的流水设计，每道工序和工艺操作的完成，特别是隐蔽工程，均需甲方、监理方和施工方的现场验收会签证明，以此保证现场装修施工质量和合同工期的按时执行。

2. 室内装修工程施工的经济特征

室内装修工程的工程造价，很大程度上受装饰装修材料和建筑设备上的声、光、电、消防、空调等系统的制约；在过去的建筑工程中，装饰装修工程造价所占比例较小，而现在的建筑工程造价中土建结构、设备安装、装饰装修的比例关系通常为3∶3∶4。这通常还需要根据建筑装饰装修的档次高低和建筑设备的配置完善程度来确定比例关系，如高档星级酒店的装修造价，有可能占到酒店工程总造价的50%以上，而普通的办公建筑装修，则可能仅占办公建筑工程总造价的20%左右。

现代建筑的装饰装修工程应在满足建筑空间基本使用功能和安全环保的前提下，充分考虑人们对空间环境艺术的审美要求及造价合理的原则，来控制装饰装修工程的造价成本。在装修工程实践中必须做好工程估算、预算、结算和后期造价审计工作；认真分析研究装修工程材料、建筑设备及施工工艺的经济性、安全牢固性、施工的简易性和装修质量的耐久性等全面因素，控制工程成本，加强装饰装修施工企业的经济管理和经济活动分析，进一步提高经济效益和装饰装修工程质量，更高标准地提升现代建筑的装饰装修施工技术水平。

（二）装修工程施工规定

1. 室内装修工程的一般规定

根据国家标准GB 50210《建筑装饰装修工程质量验收规范》的要求，建筑装饰装修工程应遵循以下基本规定：

（1）设计规定。

1）建筑装饰装修工程必须进行设计，并出具完整的施工图设计文件。

2）承担建筑装饰装修工程设计的单位应具备相应的资质，并应建立质量管理体系。由于设计原因造成的质量问题应由设计单位负责。

3）建筑装饰装修工程设计应符合城市规划、消防、环保、节能等有关规定。

4）承担建筑装饰装修工程设计的单位应对建筑物进行必要的了解和实地勘察，设计深度应满足施工要求。

5）建筑装饰装修工程设计必须保证建筑物的结构安全和主要使用功能。当涉及主体和承重结构改动或增加荷载时，必须由原结构设计单位或具备相应资质的设计单位核查有关原始资料，对既有建筑结构的安全性进行核验确认。

6）建筑装饰装修工程的防火、防雷和抗震设计，应符合现行国家标准的规定。

7）当墙体或吊顶内的管线可能产生冰冻或结露时，应进行防冻或者防结露设计。

（2）材料选择。

1）建筑装饰装修工程所用材料的品种、规格的质量，应符合设计要求和国家现行标准的规定。当设计无要求时，应符合国家现行标准的规定。严禁使用国家明令淘汰的材料。

2）建筑装饰装修工程所用材料的燃烧性能，应符合现行国家标准《建筑内部装修设计防火规范》（GB 50222）和《建筑设计防火规范》（GB 50016）的规定。

3）建筑装饰装修工程所用材料应符合国家有关建筑装修材料有害物质限量标准的规定。

4）所有材料进场时应对品种、规格、外观和尺寸进行验收。材料包装要完好，应有产品合格证书、中文说明书及相关性能的检测报告；进口产品应按规定进行商品检验。

5）进场后需要进行复验的材料种类及项目，应符合国家标准的规定。同一厂家生产的同一品种、同一类型的进场材料应至少抽取一组样品进行复验，当合同另有约定时应按照合同执行。

6）当国家规定或合同约定应对材料进行见证检测时，或对材料的质量发生争议时，应进行见证检测。

7）承担建筑装饰装修材料检测的单位应具备相应的资质，并应建立质量管理体系。

8）建筑装饰装修工程所使用的材料在运输、储存和施工过程中，必须采取有效措施防止损坏、变质和污染环境。

9）室内装修工程所使用的材料应按设计要求进行防火、防腐和防虫处理。

10）现场配制的材料如砂浆、胶黏剂等，应按设计要求或产品说明书配制。

（3）施工要求。

1）承担建筑装饰装修工程施工的单位应具备相应的资质，并应建立质量管理体系。施工单位应编制施工组织设计并应经过审查批准。施工单位应按有关的施工工艺标准或经审定的施工技术方案施工，并应对施工全过程实行质量控制。

2）承担室内装修工程施工的人员应有相应岗位的资格证书。

3）室内装修工程的施工质量应符合设计要求和规范规定，由于违反设计文件和规范的规定进行施工，造成的质量问题应由施工单位负责。

4）室内装修工程施工中，严禁违反设计文件擅自改动建筑主体、承重结构或主要使用功能；严禁未经设计确认和有关部门批准擅自拆改水、暖、电、燃气、通信等配套设施。

5）施工单位应遵守有关环境保护的法律法规，并应采取有效措施控制施工现场的各种粉尘、废气、废弃物、噪声、振动等对周围环境造成的污染和危害。

6）施工单位应遵守有关施工安全、劳动保护、防火和防毒的法律和法规，应建立相应的管理制度，并应配备必要的设备、器具和标识。

7）室内装修工程应在集体或基层的质量验收合格后施工。对既有建筑进行装饰装修前，应对基层进行处理并达到规范的要求。

8）室内装修工程施工前应有主要材料的样板或做样板间，并应经有关各方确认。

9）墙面采用保温材料的建筑装饰装修工程，所用保温材料的类型、品种、规格及施工工艺应符合设计要求。

10）管道、设备等的安装及调试应在建筑装饰装修工程施工前完成，当必须同步进行时，应在饰面装修前完成。建筑装饰装修工程不得影响管道、设备等的使用和维修；涉及燃气管道的建筑装饰装修工程必须符合有关安全管理的规定。

11）室内装修工程的电器安装应符合设计要求和国家现行标准的规定。严禁不经穿管直接埋设电线。

12）室内外建筑装饰装修工程施工的环境条件应满足施工工艺的要求。施工环境温度不应低于5℃。每当必须在低于5℃气温下施工时，应采取保证工程质量的有效措施。

13）建筑装饰装修工程施工过程中应做好半成品、成品的保护，防止污染和损坏。

14）建筑装饰装修工程验收前，应将施工现场清理干净。

2. 室内装修工程质量验收

（1）验收程序和组织。

建筑装饰装修工程质量验收的程序和组织应符合GB 50300《建筑工程施工质量验收统一标准》的规定，分部工程及其分项工程应按GB 50210《建筑装饰装修工程质量验收规范》的规定划分，当建筑工程只有建筑装修装饰工程时，该工程应作为单位工程验收。

（2）工程质量验收。

1）建筑装饰装修工程施工过程中，应按GB 50210有关各子分项“一般规定”的要求对隐蔽工程进行验收。

2）检验质量验收应按GB 50300规定的格式记录。检验批的合格判定应符合下列规定：

抽查样本均应符合GB 50210“主控项目”的规定。

抽查样本的80%以上应符合GB 50210“一般项目”的规定。其余样本不得有影响使用功能或明显影响装饰效果的缺陷，其中有“允许偏差”的检验项目，其最大偏差不得超过规范规定允许偏差的1.5倍。

3）装修工程的质量验收应按GB 50300规定的格式，各检验批的质量均应达到GB 50210的规定。

4）装修工程的质量验收规范应按GB 50300规定的格式记录。工程中各分项工程的质量均应验收合格，并应符合下列规定：装修工程的质量验收按GB 50300规定的格式记录；分部工程中各分项工程的质量均应验收合格，并按上述“子分部工程的质量验收”（GB 50210）规范的规定进行核查。

5）有特殊要求的建筑装修工程，竣工验收时应按合同约定，增加测试相关技术指标。

6）建筑装饰装修工程的室内环境质量应符合国家现行标准《民用建筑工程室内环境污染控制规范》（GB 50325）的规定。

7）未经竣工验收合格的建筑装修装饰工程不得投入使用。

第二节 室内设计专业知识

一、环境的整体思考

（一）人的空间心理感受

在大自然中空间是无限的，但是在我们周围的生活中，我们可以看到人们正在用各种手段取得适合于自己需要的空间。一组组伞给人们带来了一个暂时的空间，使他们感到与外界的隔绝。观众为讲演者围合了一个使他兴奋的空间，当然，人散了这个空间也就消失了。室内阳光下的一面墙体，向光和背光的两部分，有着不同的感受。座椅的布置方式不同，产生的空间效果也不同，它影响人的心理，我们常常看到面对面的旅客很快就熟悉起来了。

空间就是容积，它是和实体与虚体空间相对存在的。人们对空间的感受是借助实体而得到的。人们常用围合或分隔的方法取得自己所需要的空间。空间的封闭和开敞是相对的。各种不同形式的空间，可以使人产生不同的环境心理感受。

建筑空间是一种人为的空间。墙、地面、屋顶、门窗等围成建筑的内部空间。建筑物与建筑物之间，建筑物与周围环境中的树木、山峦、水面、街道、广场等形成建筑的外部空间，建筑以它所提供的各种空间满足着人们工作或生活的需要。

人们常常容易从建筑的实体部分——它的形状、式样、颜色、质地等去观察建筑，当他谈到对某个建筑的艺术感受时，很少想到这些感受和建筑空间的关系，因为他还缺乏对空间的观察能力和想象能力。应该加强对空间的想象能力，从空间想平面，从平面想空间，从平面图去想象它们的空间形状，比较空间的开敞和封闭。

取得合适的使用空间是设计建筑物的根本目的，强调空间的重要性和对空间的系统研究是近代建筑发展中的一个重要特点。近代建筑日趋复杂的功能要求，建筑技术和材料的重大突破，为建筑师们对建筑空间的探讨提供了更多的可能性，从而使得现代建筑在空间功能与空间艺术两方面取得了新的进展和突破。

建筑室内空间类型繁多、功能多样，要解决好室内的使用问题，就必须对其各个组成部分进行周密的分析，通过设计把它们转化为各种使用空间。就一定意义而言，各种不同的建筑类型，实际是根据其功能关系的不同，对内部各空间的形状、大小、数量、彼此关系等，所进行的一系列全面合理的组织与安排。而墙体、地面、顶棚等则是获得这些空间的手段，因而可以说，室内的空间组织乃是建筑功能的集中体现。

在建筑的实体处理上，如建筑的式样风格、形体组合、墙面划分乃至装饰细节等方面都取得了极高的成就。近代建筑则更加强调建筑的空间意义，认为建筑是空间的艺术，是由空间中的长、宽、高向度与人活动于其中的时间、空间向度等所共同构成的时空艺术。

（二）环境的整体思考

对环境的分析是寻求拟定设计方案依据的深入过程，可分以下三个方面来讨论：一是对自然环境的研究；二是对建筑环境的研究；三是对人文环境的研究。

1. 对自然环境的研究

户外环境指的是自然环境和城乡人的环境，对室内设计师来讲更直接的是建筑周围的物质环境，在都市与乡村，我们常见的是房屋毗连的景象，在风景区，常见的是景观环抱建筑的局面。通常，离开规划课题由内向外看是室内设计师的工作习惯。每个设计师都不满足于被封闭在孤立的空间中工作，总试图将人们的视野扩大到周围的环境中去。

对环境的研究，首先要对室内空间周围的环境做出正确的评价，而不是不分优劣地乱用与环境结合的设计陈式，如果室内空间周围的景观优美，则在门窗开启上大做文章。我国古典园林中用借景、对景等手法在沟通室内外空间技巧上给我们留下了丰厚的设计遗产，这些都可供设计师借鉴。但是，并非所有的外界环境都是美好的。如果外界自然环境遭到一定程度的破坏，噪音、气候不甚理想时，室内设计师有时不得不设法封闭门户，甚至在户外加上一个隔离带。在资金允许的情况下亦可将室内设计工作延伸到室外，将普通的隔离带做成庭院，以打破室内空间的封闭感，借这种过渡性空间来弥补室内空间气氛。除了上述诱导视线、扩大空间或与都市自然环境结合的室内设计手法之外，室内设计师还应研究有关调节室内小气候的问题。从根本上讲，全封闭的室内环境既不利于健康、又耗费能源。在可能的情况下引入太阳光，阳光充足、自然通风良好，这对室内是极有实际意义的。

2. 对建筑环境的研究

建筑环境与室内设计有着直接关系，既成的建筑对室内设计工作限制很大。对建筑环境作深入考察的目的在于发现问题，找出原有建筑空间与所要求的室内空间效果的矛盾，以及可利用、可保留、甚至可发展的空间元素，以达到因势利导、少动资金、以逸待劳的室内设计效果。对建筑环境的研究最敏感的是原有结构与功能的矛盾，其次是尺度问题，最后是材料与色彩问题。这些问题既包含技术因素又包含潜在的艺术因素。它们既是室内设计的限制，又是室内设计的条件。

建筑结构一般来讲是做室内设计的不可动因素，除非因室内空间的必要功能由于结构的限制而得不到满足，设计师才在室内设计过程中局部更动原有的建筑结构。例如因室内活动需要而开启新的门窗、过道或者更换梁架，减少支柱等。对原有建筑做这类技术处理务必慎重，安全问题若得不到切实保证时，宁可牺牲部分室内空间的功能要求，也不要鲁莽从事。

从本质上讲，建筑结构是经过力学计算之后的合理产物，它的存在是支撑整个空间的需要，有时甚至是一种技术美的表现，是建筑空间气质的表现。做室内设计并不一定要隐匿原有结构，有时甚至要反过来强调原有结构。对室内设计师来讲，按自己的要求拆除房屋，重新组织空间几乎是不可能的。实践证明，任何空间都有一定的可塑性，设计师可利用架、隔、挑等不同的技术手段，在原有的大空间中创造小空间，乃至新的空间序列。当然，在原有空间可塑性较小的情况下，改变空间功能的难度可能要大一些，但室内设计师仍可以有所作为。在结构、标高等不可动因素的限定下，设计师将工作的重点放到墙面、地面和装饰性结构构件上去，造成新的空间气氛，这里显然运用了"表里不一"的设计手法。可见，只有理解了原有建筑结构之后，才能确认设计构思，达到预期的目的。设计手段是多样的，建筑结构的确限制了设计师，而设计师又因为这种限制产生创作的灵感。一般有能力的室内设计师，对来自建筑结构的限制是持欢迎态度的，对因之而带来的问题是有较强的化解能力的。

3. 对人文环境的研究

人要适应环境、优化环境，对人文环境的研究也自然是室内设计的重要课题之一。不同的种族，不同的文化背景，不同的地理、气候条件使人们有着不同的生活习惯和审美习惯。在不同的经济条件下，人们也会提出不同的"舒适度"要求，室内空间的服务对象是多种多样的，设计师就不得不对特殊的人或集团进行研究，这涉及部分社会学问题。对这类问题进行研究，主要的着眼点是：第一，与文化背景有关的审美习惯问题；第二，与文化背景有关的生活习俗的差异；第三：与受经济条件制约而可能提出的功能要求的不同。

上面反映出来的问题只能对人文环境的内容作局部的说明。然而，对这一问题进行研究是十分必要的。对服务对象的文化背景了解得越深入，设计师的决策便越有说服力，室内设计就不至于流于千人一面，这是从设计技术走向设计艺术的重要环节之一，这个设计阶段的工作并不是孤立的，它自然要与准设计阶段的资料工作挂起钩来。从资料中分析，提炼出形象的符号和有代表性的空间构成构件直至形成特别的技术措施这才算是实际的设计成果。

（三）空间与视觉环境

1. 建筑空间视觉分析

人们生活中的各种视觉现象，受社会、政治、历史、文化、经济、技术因素的影响，从理性上进行分析，可以找出建筑空间相互之间的依存关系，这有助于人们对建筑空间的正确感受和客观评价。所以，对一些视觉现象需要进一步把握它的内在关系，进行细致地分析。

物象尺度由视距与视角共同来判断，视角大小不同，会有远近差别。视距差别并不改变物象的尺度，但人们感知上，却有大小变化，相同的尺度由于视距的差别则在感知上就有区别。由于物愈远，细部则愈小，故建筑在总体上观察时，要有清晰和简明的要求。中国绘画理论中有"远人无目，近树无枝"之说，这是符合视觉原理的。至于说"丈山、尺树、寸马、豆人"的尺度关系，则既反映了物象的差异，同时又体现了物象的远近关系。

人们的视力理论上的视角为1°，由于受视觉环境条件的种种限制，实际上采用的是4°～10°。视觉锐敏度，即双眼能分辨视距的极限值夹角。海尔姆霍茨认为，视觉锐敏度为视力的1/6，即10°范围内，人们可以看到视距差。若大于10°时，从这一角度直到无穷远的距离之间，无论什么物象看起来都是一样平的。

人们的视觉感知是相同的物象，其感知尺度由于远近的关系而在视觉上产生大小高低的差别是较为自然的。如果不同的物象有距离差别而感知尺度相同，就会尺度失真。在建筑室内设计中，特别是总体设计和建筑细部处理应加以深入分析，以免在尺度感上造成错觉。

2. 室内视觉分析

（1）一般观察视角。

一般观察理想的垂直视角为27°，其他可以用动视野来加以调节。人的平均视线高度应为

1600mm高，随着视距的增减，物象尺度也随之发生变化，人们可以根据这一关系，决定建筑空间尺度（图2-2-1，图2-2-2）。

实际上，按这种关系而求得的空间相当高，在实践中有时要产生尺度的夸张。原因是在封闭空间内，空间感知首先是水平向的加大。相对地说，室内光线有局限，人们观察物象时视距近，室内观察的物象大多在视平线以下（坐下的机会多），物象多为室内空间的立面，桌、椅、台、柜、橱、绘画等，尺度都偏小；若席地而坐，空间尺度还会更低。

由于建筑室外空间尺度较大，所以观察视距一般较远。若以建筑室内空间尺度距离来分析，则人际情况、视觉心理变化又有所不同。

室内视距：0.45m，亲密交谈。

室内视距：0.6～1.5m，人际距离。

室内视距：2.1～3.6m，社交、会谈距离，办公室谈判。

室内视距：3.6m以上，公众距离，讲演、仪式。

按视点平均值高1.6m（人的视觉高度），当视距D为2m、4m时，可以计算出各部分的高度。但如坐下，视觉高度只有120cm，在沙发上看物象视点高度只有100cm。所以，当室内空间宽或深度为4m时。空间高度H为360 − 60 = 300cm高，在感觉上还是舒服的。

（2）近距离观察视角。

室内观察物象视距近，有时还要近瞧，近瞧时往往身体产生向下的倾角，倾角约为15°～20°不等，这与视距的大小有关。有时看细小的物象还要盯着看，倾角更大，可以达到75°。若按观察倾角为20°计算，加上原有的下倾角度，则总的向下倾角为20°+6°=26°，与垂直视觉基本相近，无形中扩大了垂直视角的范围，若视距为2m，所限定室内最低空间高度为260cm。一般室内由于结构、采光、室内感受、装饰等种种原因，都会有所加高。但室内家具高度大多以2.6m为高限，再高的话使用上就有局限性。

同时也应看到，室内垂直方向的动视野也具有积极的作用。至少也可达到与左右视野范围相等的角度（60°角）。也就是说，距观察者自身所在位置50～90cm之外，都在视觉搜索范围内，所以室内空间设计中对地坪的设计要加以重视，也正是基于这一原因，室内近距离观察、室内不同的垂直视角要进行分析。

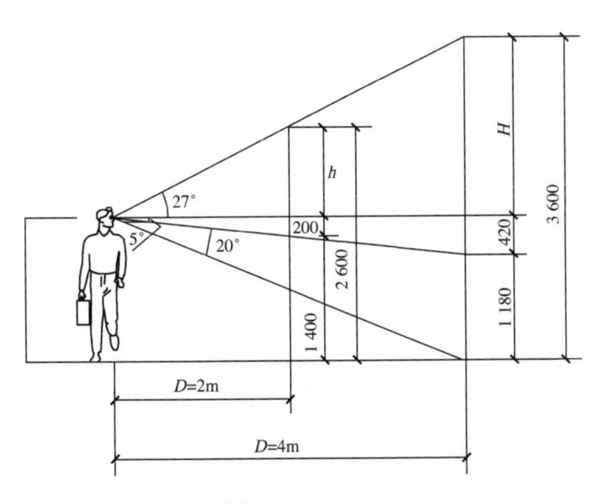

图2-2-1　室内垂直视角

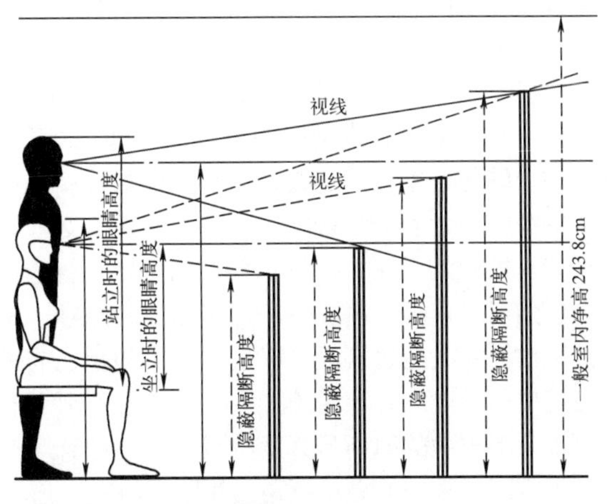

图2-2-2　室内隔断与人的视觉空间分析

二、适用的功能布局

（一）空间的界定与划分

按照现代人的生活内容与方式，我们大体可将室内空间分为四大类：一是居住空间（住宅、别墅、公寓空间等）；二是商业空间（商业、展示、宾馆、酒店等娱乐空间等）；三是办公空间（机关、公司、教育、写字楼办公空间等）；四是公共空间（交通、博览、机场、车站公共空间等）。

功能美的问题在室内设计过程中是主要矛盾，对功能问题的研究是属于第一位的设计研究课题。室内空间的性质决定了设计任务的性质，经过对设计任务书和资料的研究分析之后，设计师对功能问题有了一个初步的感性认识。按传统的建筑分类来认识今天的建筑环境是不太科学的。比如，在旅馆、别墅、住宅（公寓）几类建筑中都有可居性功能问题。概念中的工业建筑引进现代电子设备之后，不断地出现了传统的民用建筑所包含的功能；而大量的先进工业设备引入公共建筑之后，原来公共建筑又反映出了许多工业建筑的功能要求。所以，在研究建筑内部空间的时候应以人的活动与空间关系的探讨为着眼点，而不是囿于某种固定模式去分析设计中的功能问题。

1. 空间的主从关系

对空间定性是解决设计问题的开始，进一步要解决的问题就是如何根据空间的使用性质来安排空间关系。室内空间有主次之分，其中有供人从事特定活动的主要用房和辅助人们完成这一活动的从属用房，这也就是所谓主和从的空间关系。例如，我国传统民居中的堂屋之所以成为家庭活动的中心，是以环绕它或直接与它毗连的一系列辅助用房为条件的；任何一个餐厅，之所以能开展营业活动都是与其背后有一系列辅助空间是不可分割的；任何一个城市的汽车站、火车站、航空港、码头等都少不了一个舒适的等候厅，相应地也有一系列辅助设施保证城市的正常运转。

从实践中我们也可以清楚地认识到：解决室内空间的功能问题，首先要弄清主从空间的相互制约性，人们从事生产、学习、生活等活动对室内空间的要求不是单纯的空间容量要求，辅助空间是完成人们活动要求的必不可少的空间内容。在室内设计师的头脑中明确地建立主从空间的概念，有助于分析复杂的空间矛盾，从而有条理地组织空间。当室内设计师与建筑师协作完成一个新建筑时，他可根据自己对内部空间主从关系的研究，向建筑师提出具体的面积、尺度、流线或室内空间衔接方式等方面的要求，以促进内外空间设计的同步发展。当室内设计师的工作对象是一栋旧建筑或者是一栋已竣工的新房屋时，室内设计师也能按照自己对主从空间的理解，在结构条件允许的情况下，对原有建筑内部空间关系做必要的调整。一旦室内空间的主从关系得到妥善的处理，室内装修工作的主次也跟着分明了。室内进一步投资计划也有案可依、顺理成章了。

2. 空间的动静分区

在处理室内设计的功能问题时，还要注意一个闹与静的空间关系问题。任何一组空间的存在都不是孤立的，内部空间必然受外部空间的影响。人类的活动，相对讲有动与静的异别。如，住宅中的起居室、门廊与餐室可视为居住空间中的闹区，而书房和卧室则相对而言是静区；学校中的教室、体育活动场地、实习工厂、音乐室可视为闹区，而教师的办公室，教研室则可视为静区；现代宾馆中的门厅、商场、舞厅与餐厅可视为闹区，而客房则可视为静区。

然而，在很多情况下，由于分工的限制，室内设计师干预不了总图设计阶段和平面设计阶段的工作。尤其是建筑成形以后再提出问题已为时太晚，有时，室内设计师还要面临在原有建筑内改变使用功能的设计任务。因此，室内设计师往往只能利用技术手段来处理动、静空间的分隔问题。例如，闹市中的迪斯科舞厅的设计，这种舞厅的音响、震动是很闹的。设计师在原有建筑内处理这类空间，唯一的办法就是运用隔声材料，运用减弱震动的构造技术来补救。

3. 室内空间的流通

内部空间的流通关系是对功能进行研究的又一个重要课题。人们在室内从事特定的活动，就要完成一定的行为动作，或者是按照一定的程序完成一组动作。个别动作需要单位空间容量，集合动作则需要整体的空间容量，而一系列动作则要求有个空间序列容量。因此，满足动作的需要是该设计阶段的工作重点。主要设计环节一是空间容量设计，二是空间序列设计，三是水平、垂直交通枢纽的设计。

人在室内空间的动作幅度是可以做数量分析的。这种按不同行为做空间的基本尺度的研究便于我们确定单位空间容量，找到做设计和确定尺寸的起点显得尤为。但是，人不是静物，更不是笼中之鸟；人是要不断运动的，各种动作之间也是有连续性的。因此，对空间容量的考虑应有一定的余地，除了满足个别行为需要的空间体积之外，还要考虑同一种行为的多人次重复，以及其他行为同时发生时的复合性要求，这也是最基本的空间流通关系。

例如，在餐馆中人们的基本行为是坐下来吃东西，首先得确认单位空间尺寸，然后考虑二人组合、三人组合以至多人组合所需要的空间大小，再加上服务员提供食品，清洁桌椅之类的空间活动要求和顾客进出，服务员迎送的流通空间，先要初步解决这一最基本的空间容量问题，然后综合各种要求来拟定平面尺寸。布设家具与电器类的室内空间极多，也必须要作相应的考虑。又如剧院观众厅，学校里的演讲堂、电化教室，文化娱乐场所中的棋艺室、舞厅以及商业建筑中的营业厅和交通建筑中的候机、候船室，等等。

人们从事任何一种活动，往往要依次做若干种动作之后才能最终完成。例如，去音乐厅听音乐就得先后完成买票、候演、欣赏、休息、再欣赏、疏散等不同的活动动作。所以，考虑一个音乐厅的内部空间就得按人的行为动作程序安排空间序列。也就是说将人的一系列活动所需求的内部空间依次连接起来。当然，这种连接并不是简单生硬地碰接，空间之间的过渡关系要处理得十分得当。

另一个与空间流通密切相关的问题是内部空间中的水平与垂直交通问题。常识告诉我们，没有良好的水平交通安排，家庭中的起居面积就会变成门与门之间的过道，失去宝贵的使用价值。没有良好的垂直交通设计，旅馆的门厅就会拥挤不堪，而造成工作上的混乱。在现代建筑中，空间流通堪称纵横交错，良好的人流组织与顺畅的交通流线直接关系到设计质量。尤其是在那些人流频繁的交通建筑、商场、影剧院、博物馆、旅馆等公共建筑之内，水平、垂直交通安排与人流组织是十分讲究的，要达到的主要设计目标一是人流分配得当，二是流线组织合理，三是疏散方便安全。

上述有关室内空间功能问题的讨论只是这些研究的一个侧面。重要的是设计师如何用自己的手段来解决所面临的实际设计课题，做工程设计就应该用工程语言来回答问题，这体现在图纸上的思维成果。

功能分析图正是完成对室内设计功能进行研究的有效手段，这种图形能避免对功能问题作漫无边际的讨论和纠缠，从而确保设计进度与合理决策。

（二）空间形式美问题

设计师通过对室内空间的功能和有关环境问题的研究，逐步深化了对设计任务的认识，随之，设计意图也有了个轮廓，从而具备了上图板画图的条件。

画设计图是一个将认识转变为图形的思维转化过程。在这个阶段，空间形式美的问题变成了主要矛盾。由于功能的制约与环境的影响，所谓空间形式美的问题并非纯形式的研究，而是一种用抽象图形所描绘的，有待用材料、构件、设备或者艺术品来体现室内空间关系的设计过程。现代室内设计发展变换很快，空间处理手法多种多样。常见手法有如下四种。

1. 几何形空间的构成

这是一种与现代建筑形体最接近的室内空间构成手法。工业革命之后，大机器生产使产品批量化、模数化。建筑设计的变革直接影响到室内设计的倾向，为了便于机械化施工，为了与现代工业产品造型作风协调，简单的矩形、三角形、圆形的室内空间在世界各地出现，有人称之为“国际式”。用这种手法来处理室内空间，构造简单，空间结构清晰，有一种“机器美”的意味。但由于其艺术作风过于强硬，空间效果有时显得太冷静，缺少“人情味”。

2.“人情味”的追求

讲究“人情味”的室内空间设计手法可视为对“机器美”倾向的反向。它强调室内空间的表现性和个性，执意追求地方特色或者在室内空间中故意再现典型性的历史场景，并十分注重利用非工业化材料和非标准化构件来构成个性鲜明的室内空间。运用这种设计手法要注意把握分寸，不能搞成“无病呻吟”和一味追求室内空间的不必要的“戏剧性”过浓的效果，而对工程造价失去控制。

3. 朴素的艺术美

追求室内空间的朴素艺术的倾向是现代室内设计活动中很值得研究的创作手法，因为现代设计运动搞了近百年，工业产品遍及世界市场，讲究“机器美”的艺术效果有时太冷漠，讲究室内空间“人情味”效果有时也流于俗套，工程造价往往难以控制。现代人既想挣脱机器生产所带来的单调的生活模式，又离不开便宜而又适用的现代工业产品，于是，易与现代室内空间结合的更单纯、更朴实的原始艺术便成了设计师们追捧的目标。所谓朴素的室内空间艺术并不是以牺牲现代技术成果、现代人生活环境舒适度为前提的，它是现代工业产品、工业材料与原始、自然材料的结合，是现代构造技术与粗犷的构成手法相结合的产物，这种朴素艺术倾向的设计成为接近自然、宜于人们生存的室内生活环境。

4. 技术美的追求

在室内空间讲究技术美的表现是一种颇有生气、不同凡响的设计手法。人类生活在探索太空奥秘、运用人工智能来辅助工作的时代，民众与室内设计师的自我意识比以前任何时期都强。现代的运载工具为人们了解周围的世界提供了更快的速度、更多的视点与角度。人们受其影响就会对室内设计师提出更新、更高的设计要求。太空飞行舱和新技术实验室中的设备、管道、电缆、金属部件的暴露，也极大地影响了现代室内设计师的创作思维。除了在与技术有关的室内空间里充分体现一种技术的神秘感之外，在一般公共建筑中电缆、风管、结构部件（尤其是金属结构）都被涂上漂亮的颜色，并赤裸裸地表现了出来。室内设计师运用这种手法既表现人类的求知欲，又表现这种求知的能力，所谓“时代感”是这类室内空间的主要特色。

对室内空间的功能、环境问题以及空间形式美问题的研究是室内设计师的共同课题。这种研究是没有止境的。然而，做一个室内设计，从构思到出图的过程并不一定要遵循某种僵死的工作模式。与室内空间艺术个性一样，不同的设计师会有不同的工作习惯和方法。这种工作上的个性是无法用上述一般设计问题的研究过程来代替的。

室内空间的创作基于设计师对问题的分析能力和认识深度，工作程序取决于设计师的实践习惯和个人的工作作风。在具体设计中先考虑什么，后考虑什么并不重要，关键在于用心动情地去思考，处理好每一个设计环节。凡事都要有点自己的看法，敢于实践，不断探索空间艺术设计创作的个性。

三、空间的艺术处理

根据建筑空间视觉的要求，将建筑视觉的基本特性分为下面几个方面，这有助于对建筑室内空间造型进行理性的分析。

1. 单纯性

视觉观察物象，由于条件的限制，光线强弱、距离远近、物象尺度、空气透明度等，环境干扰度，颜色因素，刺激量的大小，时间久暂，人们的经验等原因，总是先寻找出其中容易捕捉的单纯构造或“形”加以感觉，以把握物象的主要特点，追求一个“完形”。而后随着条件而加强或减弱，再逐步加深或淡薄，这就是单纯性的基本特性。视觉力求以简化符号的形式表现深刻而丰富的内容，通过精炼集中的形式和易于理解的秩序，传达给人。

视觉单纯性在捕捉一个复杂的物象时是先把一个整体印入脑海，构成印象，或称第一印象。如看一个人，先仅观察到是“人”，随着条件推移才能辨明是大人、小孩、男人、女人。如为男人，如条件允许，进一步仔细观察他的服色、仪态、肤色和面貌等。

建筑空间无论怎样复杂，观察时首先是捕捉简单、肯定的几何外形，抓大的印象，古今中外比较著名的建筑大都如此。它反映了视觉观察物象由远及近的过程，由印象到深化的过程，同时也是视觉单纯性深化的过程。

建筑空间中造型出现的体量分散、体量竞争、重点分散等现象，都会给视觉单纯性带来干扰，使观察者难以把握总体，形成不了中心和重点，就不易达到预期的效果。换句话说，就是建筑自身缺乏秩序性，容易造成散乱。

2. 向心性

物象在视觉上的聚集现象，是循着相似性原则进行组织的，体现了物象的群化性，说明了物象相互之间、部分与整体的关系。聚集现象是指大脑把分散的因素通过视觉组织起来的一种方式，凡物象在三个以上时，都容易产生聚集与群化问题，使之构成为一个整体。

物象各部分构成的形式，是视觉瞬间的“组织”或“重构”的产物。这是由于物象的形状、明暗、色彩、位置、方向、距离、运动、粗细等不同情况及其变化，形成的基调、弱调、强调的差异，强化了中心，产生了力感而具有的一种聚集力，使不同的物象产生了内聚，构成一个有机的统一体。

（1）集中。大小物象并置，小的向大的集中，小的依附于大的，有轻有重，或成组，或组团，构成了物象总体的重心和中心。

（2）诱导。在没有一定方向的组合中，各种物象的排列，由于视觉诱导的作用，使之具有方向的趋向性、连续性及一贯性的力感，体现着一定的秩序。建筑的层次，平面的布局，空间的流动等，都特别重视视觉的诱导作用。

（3）强化。物象在一般基调之中有所突破，平淡之中使视觉变化构成视觉的聚集力，使之突出重点以统率全局。在建筑立面构成及形体组合中常采用这种方法以增强视觉的内聚性，突出建筑的重点。

3. 方向感

视觉中的秩序、视觉诱导、线条都有方向性。建筑的长短、高低、线条的组织都由视觉的方向性来加以判断。同一个空间、同一个物象，由于线条方向不同就有不同的视觉心理效应。

建筑中的构件组织对于视觉方向性反映特别强烈。其线条组织的纵向、横向、交织、重叠、疏密、长短、引导、过渡等，都给视觉心理带来不同的效果，是建筑造型中最为直接的手法。同时，由于线条的粗细、质地、组织方法的不同，也会给物象一种性格上的表征。

建筑室内空间造型反映的方向性主要有三个方面。

（1）构件组织。例如，由钢架构件组成的穹窿，乍看是混沌的一个整体，由于构件组织的规律性和视觉诱导，有着不同的方向反映，这是自外而内或由内而外产生的聚集力所致的视觉诱导。

（2）形体分割。建筑中由于对线的组织方法不同，产生了不同的视觉诱导，其方向性千姿百态。有时能给一个沉静的建筑带来生机，呈现动态和活跃气氛，这是视觉方向性产生的特殊效果。

（3）建筑构架。在一个平面上，由于空间与距离上物象与边缘关系的不同（绘画中称视野—框架关系）也会产生强烈的方向性。例如，一个单纯的墙面，其中某一部分有小的突起或开口，与大片墙面产生了强烈的对比，这是由于力的聚集而产生了方向，打破了原墙面的沉静，给建筑带来了表现力。

4. 光线运用

植物有向光性，人的眼睛也有同样效应。不需要特别引导、控制，视觉总是被吸引到视野范围内的亮处，以加强注视中心。舞台上的追光，目的在于使观察者的视觉集中于中心人物。向光性是视觉分析中的重要原则，视野中最亮的部分，也应是视觉作用最理想的部分。但向光性由于光线强弱也有不同的反应，过强的光线会产生眩光。不舒适的眩光指数，由建筑物理计算限定。

视野内的物象或观察目标要采取必要的措施，主要目标应当明亮或闪烁发光，能吸引观察者视觉的注意。建筑空间的主要立面，应当鲜明，达到引导视觉的目的。如果建筑入口、开口是暗的，则属于聚集力的反映，也有同样的效果。总体布局中，建筑明暗度，也应当有所区别，以便突出重点。

夜晚景色和室内观察，视野范围内的光亮部分是视觉捕捉的重点，所以博览建筑陈列室设计中利用向光性这一特点，使人处在暗处看亮处的展品，达到了吸引观众视觉、集中展出对象的目的。公共建筑内部为加强建筑导向性，在天棚、地坪、墙上也分别处理以不同的灯光。商业建筑的橱窗、标志灯光等就是利用视觉的向光性这一特性，作了精心的设计。

古人云："锦衣夜行"，说明任何美好的形象在没有光线的条件下，在视觉上都不起作用。建筑造型无论是内外或群体，都要把功夫用在明处、亮处，与非目力所及之处，应当有所区别。

5. 色彩处理

正常人的视觉可以分辨130～200种不同的颜色，大千世界在光的作用下，会呈现绚丽多彩的色彩。建筑中的建筑材料、明暗变化、天气阴晴、环境关系等都会给建筑的光与色带来很大影响，使得建筑中的光色性更加复杂。

视觉中物象上下左右的环境是色彩感觉最具影响力的参考框架，同一色彩放在不同的参考环境中就有明、暗、鲜、灰的变化，甚至色相的变化。例如，阴影不是单纯的色彩，是若干环境色彩综合作用的结果，其中包含光照中的色彩支配和补色作用，以及固有色及邻近面的微妙折射光的作用。

波特曼的共享空间有一条重要原则：利用光线、色彩，材料质感创造空间。天然光随时间、气候而异，空间效果多变，人工照明使空间更具魅力。空间中利用光线和灯光可将有色饰物营造出动人的意境。

利用色彩、空间性格、材料质感等，可创造优美的环境，反映新的意象。这种光色的复合，改变了原有的光色性格。例如，喷泉加上光色，不再是冰冷的清水，借助于光色，构成了五光十色的动人图景。冰灯加光色，可以给人以暖意，创造出丰富多彩的景象，改变空间和物象所固有的情调。当然，音乐喷泉除了光色之外，再配合音乐，则更加深入一层。

6. 重复排列

眼睛观察物象，是往复不停地运动着，先总体而后中心再回到总体。日本测定观察物象的运动路线是一个不规则的四方形，是一个自下而上自左而右而后回归原点扫描的闭合过程。它说明了部分与整体的关系，将整体做了支解，又使部分合为整体。自然地把部分重构为整体，同时也反映建筑构件的组织和重点的选择，物象左重右轻的关系，这都反映了视觉往复性的特性。

建筑的整体相对大环境是独立的，部分也具有相对的独立性。例如，主门、次门，主梯、辅梯，主体、辅体等。但二者在比例、尺度、处理方式、色彩、材料等方面应有一定关系，否则部分就脱离了整体。总体的部分至少有两个，对于建筑群体空间，每一空间单列开来是一个整体，而就群体而言仅是一个局部，可以构成整体的不同组群或序列。何时为整体，何时为局部，决定于观察者的位置视点和视野范围内所能包括的内容。有时经常会出现视觉观察效应与实际情况的差距，一是图纸总图效果，二是立体模型效果，由于在视野中二者都容易概括全貌，看起来主从层次、空间疏密、道路关系、绿化布置、色彩分配等，都可以全面把握直到理想的境地。但实际上在尺度放大以后，观察的仅仅是局部。所以对于建筑群，关键在于恰当地选择视点，从不同的角度进行空间的分析。

基于视觉的往复性反映在建筑的部分与整体的关系方面的重要性，通常可以采用下列方法来解决。

（1）主次。采用对比方法处理各个部分。一部分占主导起支配作用，控制全局，支配作用不一定是体量大，而是位置重要、明显，是视觉的焦点或中心，另一部分居于从属地位。

（2）分割。支配作用的部分加以强化，无论在体量、位置、优势、处理形式、功能、意义及装饰上使之与从属部分有一个等级上的差别。

7. 形象异变

形象与视觉环境的关系极大，视觉环境不同，情况就有显著差别，所反映的形象也各有千秋。成形性是视觉中的一个重要特性，它所遵循的重要原则是形式连贯性在视觉中的反映，对于形式、形状都适用。尽管视点不同引起视网膜图像变化，而大脑对物象形式、形状的感受仍不变，大脑可以补充与校正，包括把整个物象以最简单、最可能的方式表达出来，以部分表达整体。

连贯性是人们注意力集中到第一次所见物象上的有效显示方式，让人们把某些刺激当作背景而聚精会神地去注意另一部分形象。换言之，即注意力要善于把握第一印象。因此，物象的大小、形状、色彩的连贯性等在视觉语言中都被视为是最有活力的源泉。凡是处于视野中央注意力集中的地方的物象都易成形。

视觉中的参考框架，对于物象成形性有很大影响。所以，一般被包围的领域比包围的领域易成形。例如，一个大的平面中有细部处理就很突出，反之，大的平面四周都有细部就不尽然，这在建筑细部处理上反映特别突出。另外一种情况是在参考框架中，物象边缘的线异常醒目，这也是建筑上景框构图产生的一个原因。在一定的领域内，物象的形象，异形比同形更易显现，它容易打破沉闷，对视觉具有较强烈的刺激性。

由于视觉的连贯性，习惯于观察自左上而右下的光照条件投下的阴影，若发生自下而上的光照条件，易产生物象的混淆，凸凹反常。夜间从下方照一个人的面部就会显得吓人或产生变异。另外视野内相对亮度对成形性也有重要作用，例如亮的物象处于暗的背景之中，会加强物象的自身亮度，使之更加鲜明。

视觉的闭合法则，有助于强化物象空间秩序性，增强稳定的组织力，使观察对象形成闭合的紧密整体。在复杂的视觉环境中寻求最稳定的物象形体或环境因素干扰少的形体，是建筑处理重要的原则，被力感吸引则集中，疏远则醒目。

对称的物象，由于受到视觉环境框架的支配易于成形。同时，由于已有图形的经验，在思想上容易产生联想。三角形、正方形、圆形最易联系到所观察到的物象。即使不含这些图形，在平铺一片的图像中，如地坪分格，嵌花地板，砖石砌体，视觉上也易去探求其中的线、块、形的组织，使之与自己思想上固有的形象发生共鸣。

8. 视觉力感

观察物象，视觉上产生运动和方向，构成了力感与动感，在心理诱导方向上产生了力度，形成了视线。这种视线在连续运动中停留在一个目标，构成注视中心等，这都是视觉力能性的反映。

视野中有动静之感，视线是动的，视点是静的，二者之间蕴含着物象诸因素的构成，形成一个有机的整体。观察物象包括视点与视线二者的关系，单纯以静的观点研究物象有局限性，现代建筑采用流动的观察效果来处理建筑的空间与造型，合乎视觉力能性的要求。如飘板、流动的曲线、曲面体等。

物象在空间的不同聚集，在空间上产生了不同的向量场，构成心理上的力感。不同物象在一个空间中相互聚集，产生了力的相吸或相斥，这种力构成了虚中心，有时也成了物象的新中心。

根据力能性建筑的间距、建筑群的疏密、不对称建筑等，通过视觉的恰当处理，可以达到关系的相互调和。

物象所构成的视觉力场，反映了不同的力能性，按事物的近相吸、远相斥的原则，可以观察分析物象间的亲近性、相对独立性和分离性。若以两个物象之间的距离为计，亲近性、分离性和相对独立性在建筑中应通过不同的处理，使之分清主次，中间要通过适当过渡处理，使之成为一体。

建筑中的静动感觉，呆板与活跃，大多依赖于构成因素之间的紧缩力与引诱力的力场情况。但视觉力场随人们的性别、年龄、职业、环境等有很大差异：儿童重在点，成人重在面；非专业人员重局部，专业人员重整体；四周环境暗则聚，四周环境亮则散等等。作为物象统一性来说，平衡点与中转点的力度和向量，前者相向，后者相背。建筑处理强化相向性，改造相背性，这是经常采取的对策。

视觉力感有结构力、外射力、内收力，视觉力场中有地与象对抗，构成力场，其稳定程度决定于象与地的比例，同时还要注意“同类相吸”现象，使分散的物象联为一体。

视觉力场、方向性不同，在心理上形成不同的力感，表现不同的紧张程度，人们对物象的感受也有不同的情调。同时还要注意某种偏见，即习惯于某种视觉效果，如柱式、门廊、拱、花边、屋檐线等。有时，某一时期会构成社会的时尚和倾向，带来某种设计上程式化的内容。当然，除了视觉的偏见之外，还涉及社会环境心理和人们的审美观念意识等，如图2-2-3 ～图2-2-9所示。

(a) (b)

图2-2-3　室内墨线稿透视图1

(a) (b)

图2-2-4　室内墨线稿透视图2

(a)　(b)

图2-2-5　钢笔淡彩效果图1

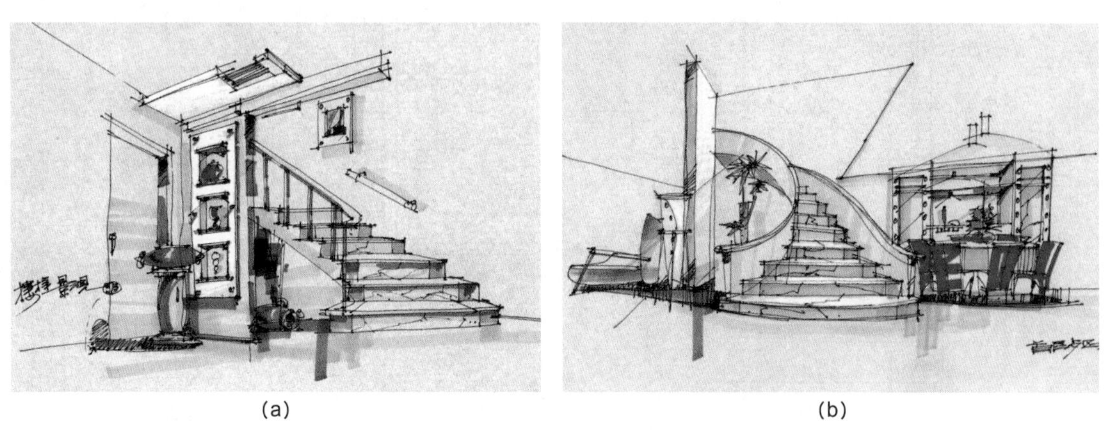

(a)　(b)

图2-2-6　钢笔淡彩效果图2

图2-2-7　钢笔淡彩效果图3

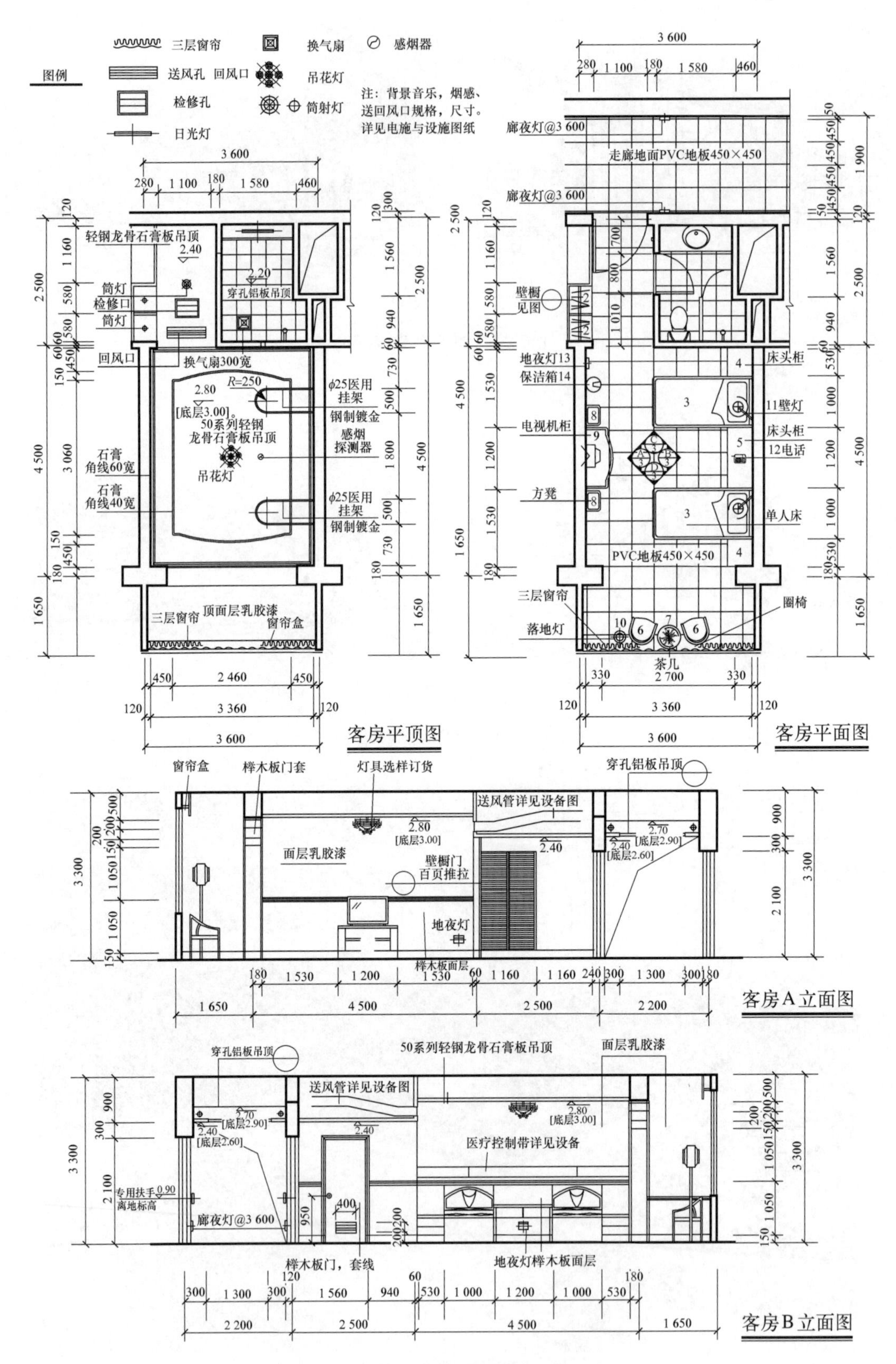

图2-2-8 青岛医学院高干住院部标准间设计1

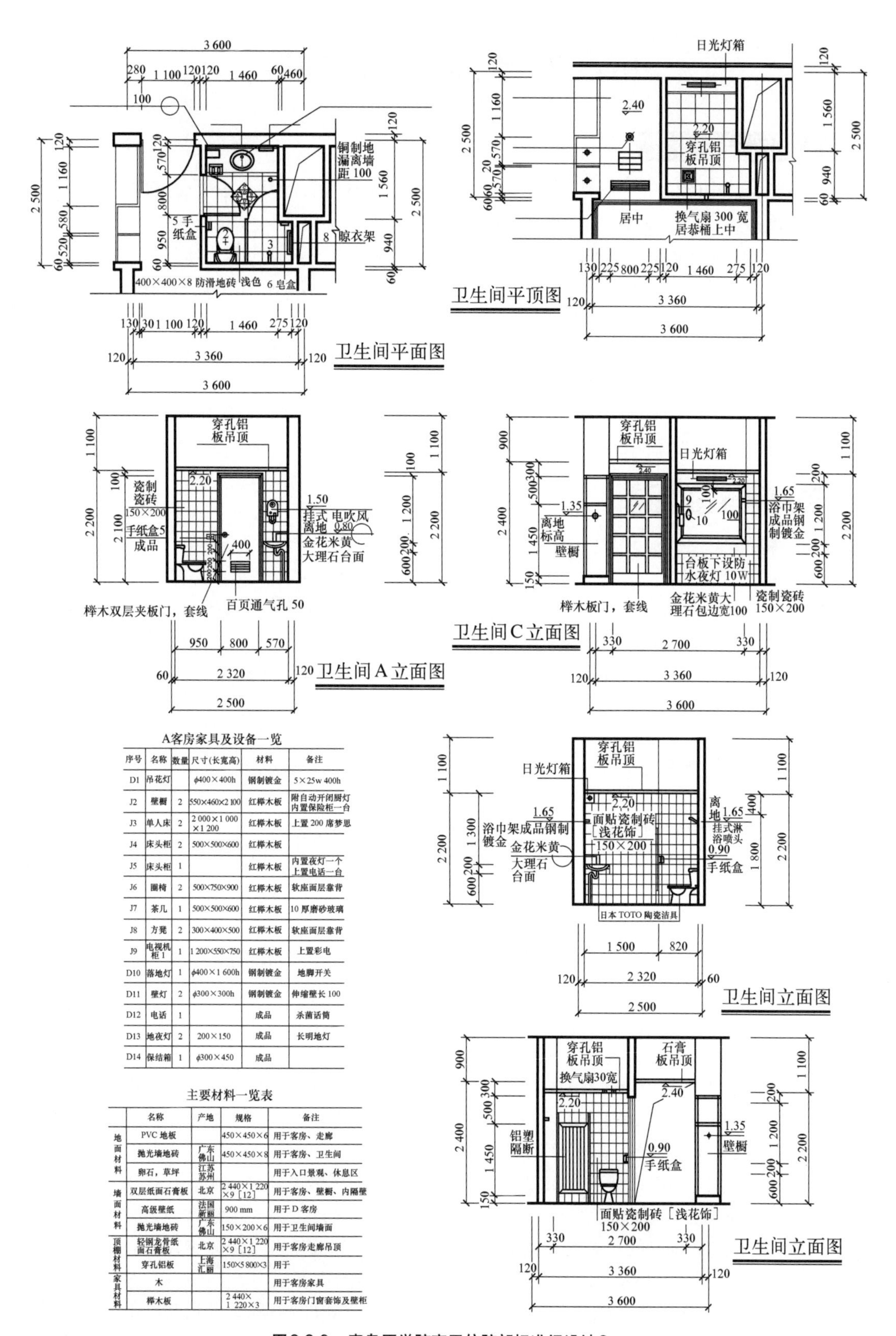

A客房家具及设备一览

序号	名称	数量	尺寸(长宽高)	材料	备注
D1	吊花灯		φ400×400h	钢制镀金	5×25w 400h
J2	壁橱	2	550×460×2 100	红榉木板	附自动开闭厨灯 内置保险柜一台
J3	单人床	2	2 000×1 000 ×1 200	红榉木板	上置200席梦思
J4	床头柜	2	500×500×600	红榉木板	
J5	床头柜	1		红榉木板	内置夜灯一个 上置电话一台
J6	圈椅	2	500×750×900	红榉木板	软座面层靠背
J7	茶几	1	500×500×600	红榉木板	10厚磨砂玻璃
J8	方凳	2	300×400×500	红榉木板	软座面层靠背
J9	电视机柜1	1	1 200×550×750	红榉木板	上置彩电
D10	落地灯	1	φ400×1 600h	钢制镀金	地脚开关
D11	壁灯	2	φ300×300h	钢制镀金	伸缩壁长100
D12	电话	1		成品	杀菌话筒
D13	地夜灯	2	200×150	成品	长明地灯
D14	保结箱	1	φ300×450	成品	

主要材料一览表

	名称	产地	规格	备注
地面材料	PVC地板		450×450×6	用于客房、走廊
	抛光墙地砖	广东佛山	450×450×8	用于客房、卫生间
	卵石，草坪	江苏苏州		用于入口景观、休息区
墙面材料	双层纸面石膏板	北京	2 440×1 220×9 [12]	用于客房、壁橱、内隔壁
	高级壁纸	法国新丽	900 mm	用于D客房
	抛光墙地砖	广东佛山	150×200×6	用于卫生间墙面
顶棚材料	轻钢龙骨纸面石膏板	北京	2 440×1 220×9 [12]	用于客房走廊吊顶
	穿孔铝板	上海汇丽	150×5 800×3	用于
家具材料	木			用于客房家具
	榉木板		2 440×1 220×3	用于客房门窗套饰及壁柜

图2-2-9　青岛医学院高干住院部标准间设计2

第三节 室内环境技术知识

一、了解相关知识

室内环境设计中的设备与设施，在室内设计的过程中常常会涉及，主要有室内使用的声学、光照、热能设备及电气、给排水、消防等设施。随着建筑与室内设计中的技术环境要求的提高，尤其是“智能化”概念的引入，使得各种电子设备与设施在室内设计中被广泛采用，自动化的信息控制和处理系统得到了迅速发展。这些都要求室内设计师在设计过程中必须具备一定的知识，以保证这些设施充分、有效地发挥作用。

从专业的角度来看，这些相关的设备与设施通常具有相当的技术含量，并通常由相关的专业人员设计安装。但从设计的角度来看，室内设计师必须具有相应的知识，应熟悉设备管道、电气设备、综合布线等设施系统，才能保证正确设计、使用。一般情况下这些设备与设施包括下列各项：室内声、光、热设计所涉及的设备与设施，解决好建筑节能，例如，节能材料、光电板、太阳能等。

二、建筑物理问题

建筑物理是指室内环境中的声学、光学及热工学设计三大部分。

（一）室内声学概念

在建筑声学中，很多情况涉及声波在一个封闭空间内（如影剧院观众厅、播音室等）传播的问题。这时，声波传播将受到封闭空间的各个界面（墙壁、顶棚、地面等）的约束，形成一个比在自由空间（如露天）复杂得多的“声场”。这种声场具有一些特有的声学现象：在室内距声源同样距离要比露天响一些；在室内，当声源停止发声后，声音不会像在室外那样立即消失，而要持续一段时间，这些现象对听音有很大影响。因此，为了做好声学设计，应对声音在室内传播的规律及室内声场的特点有所了解。对于声波在室内的传播状况，可以用波动声学（或物理声学）的理论进行相应的分析。

室内声学主要研究室内空间的音质，以使人们在室内能够听到较为理想的声音效果，同时尽量控制噪声对室内空间环境的干扰和危害（即建筑环境噪声控制），以得到较好的声环境。为达到以上目的，应对建筑材料、建筑构配件和建筑室内空间的声学性能进行相应分析研究。

1. 建筑声学知识

我们日常听到的声音来自物体的振动，如人的说话声音源于声带的振动，扬声器的声音来自扬声器膜片的振动。通常，把发出声音的发声体称为声源。

物体的振动产生“声”，振动的传播形成“音”。人们通过听觉器官感受声音，声音是物理现象，对不同的声音人们会有不同的感受，相同声音的感受也会因人而异。美妙的音乐令人陶醉，慷慨激昂的演讲令人鼓舞，而近邻传来的嘈杂声使人难以入睡。建筑声学不同于其他物理声学，主要研究目的在于如何使人们在建筑空间中获得良好的声环境，涉及的问题不局限于声音本身，还包括心理学、建筑学、材料学、行为学等多方面问题。

人耳的听觉下限是0dB，低于15dB的环境是极为安静的环境，在餐馆中，往往由于缺乏建筑吸声处理，人声鼎沸，音量将达到70～80dB，在噪声中进餐会影响人体健康。人耳的听觉上限一般是120dB，超过120dB的声音会造成听觉器官的损伤，140dB的声音会使人失去听觉。高分贝喇叭、重型机械、喷气飞机引擎等都能够产生超过120dB的声音。

人耳听觉非常敏感，正常人能够察觉1dB的声音变化，3dB的差异将感到明显不同。人耳存在掩蔽效应，当一个声音高于另一个声音10dB时，较小的声音因掩蔽而难以被听到和理解，由于掩蔽效应，在90～100dB的环境中，即使近距离讲话也会听不清。

2. 室内音质设计

室内音质设计是建筑声学设计的重要组成部分。在以视听功能为主要使用功能的建筑中，如音乐厅、剧院、电影院、多功能厅、体育馆、会议厅、报告厅、大教室以及录音室、演播室等厅堂中，其音质设计的优劣往往是评价建筑设计优劣的决定性因素之一。室内最终是否具有良好的音质，不仅取决于声源本身和电声系统的性能，而且取决于室内固有的音质条件。为了创造出理想的室内音质，就必须防止室外噪声与振动传入室内，也就是在使室内背景噪声低于有关建筑设计规范所规定值的前提下，依据室内基本声学原理进行音质设计。室内音质设计最终体现在室内容积（或每座容积）、体形尺寸、材料选择及其构造设计中，并与建筑的各种功能要求和建筑艺术处理有机地融于一体。由此可见，室内音质设计应在建筑方案设计初期就同时进行，而且要贯穿在整个建筑施工图设计、室内装修设计和施工的全过程中，直至工程竣工前经过必要的测试鉴定和主观评价，进行适当的调整，才有可能达到预期的设计效果。

（二）室内采光知识

适宜的建筑空间光环境是构成舒适、实用的室内空间环境的前提。据统计，人类从外界得到的信息，大约有80%来自光和视觉。对室内建筑师来说，良好的光照环境，对建筑功能和室内环境艺术都是非常重要的。足够照度的天然采光条件，可以保证建筑空间使用功能的正常实现，并有利于保证人的视力健康；从建筑艺术的角度看，光影变化及色彩效果，也是表现室内空间环境艺术的重要手段。伴随着生态、绿色环保和可持续发展思想的不断深入人心，绿色环保和节能建筑已经成为世人关注的热点。充分利用太阳能源，在大空间建筑中推行天然采光代替人工照明，进一步降低能耗，将会带来巨大的经济效益和社会效益。而人工照明系统既可以弥补室内天然采光的不足，还可以解决夜晚照度的使用需要，同时，适宜的灯具形式和照明效果，对构成良好的室内环境的艺术氛围，也可起到重要的促进作用。

1. 室内光环境

从人的视觉因素上来说，光决定了一切，没有了光也就没有了一切。在室内外环境设计当中，光的存在不仅仅是单纯满足人们视觉功能的需要，更重要的一点是还可满足人们视觉审美上的需要。从功能上看，人们在进行生产、工作和学习时，建筑物的采光和照明环境良好，可提高工作效率和产品质量，有利于安全和保护人的视力健康，从环境艺术的效果上来看，光和色彩是表现建筑空间、建筑造型和美化室内环境的重要手段。设计师若能合理而巧妙地运用建筑光学的基本知识，可以在建筑空间的创作中，设计出意境非凡、艺术效果良好的作品。因此，在现代建筑室内空间的创作中，都把建筑光环境设计作为一个重要的组成部分。

随着建筑形式与功能的多样化，建筑内部空间的复杂程度日益提高，对于越来越多的大型多功能建筑，仅仅依靠传统的天然光采光设计技术已经不可能完全解决建筑内部天然光照度不足的问题。在工业化时代，以人工照明和空调系统维持室内环境的做法，已在节能和环保中显示出种种弊端，因而受到了人们的广泛质疑。而提供地球上99.98%能量的太阳能，作为最重要的可持续和无污染能源正日益显示出巨大的应用潜力。

2. 节能光环境设计

当代各国都有很多建筑师和工程师开始关注在建筑物中如何利用太阳能、空气、水等自然因素来实现自身内环境的平衡，并在天然光的利用技术方面进行了许多有益的探索。例如充分利用天然日光，以节约照明用电；把阳光引入建筑物内部，带来一天当中时间变化的信息；利用阳光中适量紫外线成分的杀菌作用和促进血红素增长的生理功能，保证人类室内生活环境的清洁与健康；把阳光作为艺术照明的手段与经过精心设计的室内绿化和小品相结合，创造人性化的室内生态自然环境等。伴随着很多有益的探索和实践逐渐形成了建筑中太阳能光利用技术的很多新模式。

德国柏林新议会大厦穹顶上的锥体光反射板，将天然光均匀反射到议事大厅内，提高了议会大厅白天的天然光照效果，减少了人工照明能耗。

（三）热工设计知识

1. 热工设计

热工设计包括供暖、空调与通风系统设施。建筑环境由热湿环境、室内空气品质、室内光环境和声环境所组成。采暖通风与空气调节设施是控制建筑热湿环境和室内空气品质的技术系统；同时也包含对系统本身所产生噪声的控制。供暖、空气调节和通风这三部分系统，是在长期的发展过程中自然形成的。虽然同为建筑环境的控制技术，但它们所控制的对象与功能不同。

供暖又称采暖，是指向建筑物内供给热量，保持室内一定温度。这是人类最早发展起来的建筑环境控制技术。人类自从懂得利用火以来，为抵御寒冷对生存的威胁，逐渐发明了火炕、火炉、火墙等采暖方式，这是最早的采暖设备与系统，有的至今仍在应用。发展到今天的采暖设备与系统，在对人的舒适感和卫生、设备的美观、系统和设备的自动控制、系统形式的多样化、能量的有效利用等方面都有着长足的进步。

2. 空气调节

空气调节是对某一房间或空间内的温度、湿度、洁净度和空气流动速度等进行调节与控制，并提供足够量的新鲜空气。空调可以实现对室内热湿环境、空气品质等的全面控制，或是说它包含了采暖功能和通风的部分功能。实际应用中，并不是任何场合都需要用空调对所有的环境参数进行调节与控制。例如，寒冷地区有些建筑只需采暖，又如，有些生产场所只需用通风对污染物进行控制，而对温、湿度并无严格要求，尤其是利用自然通风来消除室内余热余湿，可以大大减少能量消耗和设备费用，应尽量优先采用。

3. 通风系统

通风是用自然或机械的方法，向某一房间或空间送入室外空气，由某一房间或空间排出空气的过程；送入的空气可以是处理的，也可以是不经处理的。换句话说，通风是利用室外空气（称新鲜空气或新风）来置换建筑物内的空气（简称室内空气）以改善室内空气品质。通风系统的功能主要有：

（1）提供人呼吸所需要的氧气；

（2）稀释室内污染物或气味；

（3）排除室内生产工艺过程产生的污染物；

（4）除去室内多余的热量（称余热）或湿量（称余湿）；

（5）提供室内燃烧设备燃烧所需的空气。

建筑中的通风系统，可能只完成其中的一项或几项任务。其中利用通风除去室内余热和余湿的功能是有限的，它受到室外空气状态的限制。作为建筑环境控制技术的供暖、空气调节与通风三个分支系统，既有不同点，又有共同点。它们经常被联系在一起，已为人们所熟知。采暖、通风与空气调节，习惯上称为“暖通空调”。

在夏季，民用建筑房屋中的人员、照明灯具、电器和电子设备（如饮水机、电视机、VCD机、音响、计算机、复印机等）都要向室内散出热量及湿量，由于太阳辐射和室内外的温差而使房间获得热量，如果不把这些室内多余热量和湿量从室内移出，必然导致室内温度和湿度升高。在冬季，建筑物将向室外传出热量或渗入冷风，如不向房间补充热量，必然导致室内温度下降。因此，为了维持室内温湿度，在夏季必须从房间内移出热量和湿量，称为冷负荷和湿负荷；在冬季必须向房间供给热量，称之为热负荷。在民用建筑中，人群不仅是室内的“湿热源”，又是“污染源”。室内的家具、装修材料、设备等也散发出各种污染物，如甲醛、甲苯、甚至放射性氡气等物质，从而导致室内空气品质恶化。为了保证室内良好的空气品质，通常需要排走室内含污染物的空气，并向室内供应清洁的室外空气的通风办法，来稀释室内污染物。采暖通风与空气调节的任务就是要向室内提供冷量或热量，并稀释室内的污染物，以保证室内具有适宜的热舒适条件和良好的空气品质。

目前多数供暖和空调系统，需要耗费大量的能源（煤、电、石油、天然气等），在煤炭、石油资源日益紧张的今天，应该大力研究推广节能建筑技术，充分利用太阳能源，为人们提供舒适的四季恒温、恒湿，不需要空调和供暖设备系统的新型节能建筑。

三、环境设备系统

（一）室内给、排水设施

在室内设计的过程中，与给水及排水有关的设施和设备也是设计师要考虑的问题。给水的设施与给水的方式有关，通常的给水方式有水道直接供水、高层水箱供水和压力水泵供水等几种方式。

与室内设计有密切关系的主要是与用水有关的设备，如水槽、洁具、热水器、阀门（龙头）等。而排水的设施也与污水的种类及处理方式有关，如从卫生间中通过管道排出的污水、从屋顶、庭院排出的雨水、污水等。

不同的污水及处理方式需要不同的设施及设计与安装方式。在进行室内设计时，必须充分考虑到这些设施在安装、使用及维修过程中必要的条件，如在排水直管的长度达到一定标准时（如长度为管径的300倍时），必须设置检查井，以方便检查及维修。各种排水器具上必须设置水封或防臭阀，以隔绝来自排水管的异味和虫类。

中国地域辽阔，气候变化极大，要创造舒适的室内环境，除了充分利用建筑的朝向、通风、保温材料等因素外，在许多情况下还要用技术的方式对室内环境进行供暖和调节空气。北方城市冬季常采用集中供暖的方式，用蒸汽或热水为室内提供热源。而南方城市则主要利用以电为能源的空调设备调节室内温度。从空调设备的种类来分，主要有供热中心集于一处再输送到各个房间的中央式空调及每个房间分设供冷与供暖空调的两种情况。

对于室内设计师来说，供暖与空调设备的设置与室内设计也有直接的关系。一般在设计中要充分考虑室内平面的形状、天花的高度与形状。设置室内空调机一般要注意以下问题：空调机的出风口应当安置在室内的中轴线部位，以使空气能均匀流动并避免家具的遮挡；如在较大的空间内采用中央空调，应能够分区使用以适应不同的用途和区域，空调器的周围要留有一定的空间以便维修方便、清扫卫生等。

（二）室内电气

1. 电气

室内线路的敷设方式可以采用明敷设——导线置于管子和线槽等保护体内，然后敷设在墙壁、顶棚的抹灰层内，也可以采用暗敷设——导线直接置于管子和线槽等保护体内，然后敷设于墙壁、顶棚、楼板及地坪层内部。综合布线的PVC塑料管、PVC塑料线槽及附件，应该采用氧气指数27以上的难燃型产品。

（1）直敷布线。在建筑物顶棚内严禁采用直敷布线，不得将护套绝缘电线直接埋入墙壁及顶棚抹灰层内。

（2）金属管布线。在建筑顶棚内宜采用金属管布线，穿金属管道的交流线路应将同一回路的所有相线和中性线穿于同一管内。

（3）硬质塑料管布线。在室内吊顶棚内可以采用难燃型硬质塑料管布线。

（4）金属线槽布线。可以在建筑物顶棚内敷设具有槽盖的封闭式金属线槽。

（5）塑料线槽布线。弱电线路可以采用难燃型带盖硬质塑料线槽在建筑顶棚内敷设。

（6）电缆桥架布线。在电缆数量较多、较集中的场所，可以采用电缆桥架布线。桥架水平敷设时，距地高度不宜低于2.50m；垂直敷设时，距地1.8m以下应加金属管保护；桥架穿过防火墙及防火楼板时，应采取防火隔离措施。

（7）封闭式母线布线。当电流在400～2000A时，应采用封闭式母线布线。水平敷设时，距地高度不宜低于2.50m；距地1.8m以下应采取防止机械损伤的保护措施；封闭母线穿过防火墙及防火楼板时，应采取防火隔离措施。

（8）竖井布线。竖井布线一般用于多层和高层建筑内强电及弱电垂直干线的敷设。竖井的位置和数量应该根据建筑规模、用电负荷性质、供电半径、建筑物的沉降缝设置及防火分区等因素来确定。选择竖井位置应考虑如下因素：

1）靠近用电负荷中心。

2）不得和电梯井、管道井共用。

3）避免临近烟道、热力管道及其他散热量大或潮湿的设施。

4）条件允许时应避免与电梯井、楼梯井相邻。

5）竖井井壁应是耐火极限不低于1h的非燃烧体，竖井在每层楼都应设置维护检修门，并开向公共走廊，其耐火等级不应低于丙级，楼层间应做防火密封隔离。

6）竖井大小除满足布线间距及配电箱布置所需要的尺寸外，还应在箱体前留有不小于0.8m的操作维护距离。

7）竖井内高压、低压和应急电源的电气线路相互之间应保持不小于0.3m的距离。

8）向电梯供电的电源线路，不应敷设在电梯井道内，除电梯的专用线路外，其他线路不得沿电梯井敷设。

9）地面内暗装金属线槽布线。在正常使用环境下室内隔断较多的大空间，用电设备移动性和灵活性较大，如大型超市、会展中心等，可以在楼板、楼板垫层内埋设金属线槽布线。

2. 照明种类

电气照明系统：电气照明即是将电能转换成光能，通过供电线路和各种灯具来创造一个良好的光环境，以满足建筑室内的照明功能要求。

（1）照明方式：室内空间的人工照明方式可分为一般照明、分区一般照明、局部照明和混合照明。

1）不固定或不适合局部照明的场所，应该设置一般照明；

2）照度要求较高的场所，宜设置分区一般照明；

3）当一般照明和分区一般照明不能满足照度要求时，应增设局部照明；

4）所有的室内空间不能只设局部照明。

（2）照明的种类可以分为：正常照明、应急照明、值班照明、警卫照明、景观照明和障碍标示照明。应急照明包括备用照明（供继续和暂时继续工作的照明）、疏散照明和安全照明。

3. 其他电子设备

随着互联网及传感技术在建筑上的运用，“智能化建筑”日益成为现实。目前能够实施的智能化技术包括下面几个方面。

（1）利用传感技术实施对各种室内设施和设备的监测、控制等。如电表的自动抄报，燃气泄漏的报警，空调、锅炉及照明灯具的控制等。

（2）防盗、防灾等安全保障设备。利用自动监控、感应、报警等设备，可以在建筑内实现安全防范的多重设置，以增强室内空间的安全性。

（3）通信与网络技术的运用，使室内空间的自动化程度大大提高，并实现远程控制。通信技术及互联网技术也为室内环境质量的提高提供了许多可能性，因此在设计时应当充分调研、考虑。

（三）消防系统设施

室内消防系统包括室内火灾报警与消防联动系统（弱电系统），火灾自动喷水灭火、安全用电等系统。通过这些系统的设置可及早发现和通报火灾，采取相应的灭火措施，保护人身和财产安全。室内消防系统应该根据建筑物的防火等级、建筑规模、使用功能和重要性来加以设置。

（1）室内装修材料燃烧性能。

近几年发生的房屋火灾，其中大多数是由室内可燃装修材料引发而起。在室内装修中采用可燃装修材料加大了火灾发生的概率，一旦火灾发生也加快了火势蔓延，同时产生大量的有害气体。所以，在室内装饰工程中采用的装修材料，应该具有一定的耐燃性能，以防止火灾发生，并确保人们安全逃离火灾现场。

室内装修材料按其燃烧性能划分为四级，即不燃性材料（A级）、难燃性材料（B1级）、可燃性材料（B2级）、易燃性材料（B3级）。

（2）室内的防火要求。

1）室内防火设施的装修。建筑室内的各种防火设施装修应采用A级防火装修材料。如消防控制中心、消防水泵房、排烟机房、配电室、变压室、空调机房、电梯机房、固定灭火系统设备间、消防疏散楼梯等，均不应受到火灾蔓延的威胁，全部装修都应采用A级防火材料。

防火卷帘、防火门、防火墙应能阻隔火势蔓延，形成防火分区，挡烟垂壁具有构成防烟分区，减缓烟气蔓延的作用，此类设施应采用A级防火装修材料。装修不应对室内消火栓形成遮挡，消火栓门与四周墙面的颜色应有明显的区别。消火栓门应采用玻璃，以方便火灾发生时的使用。

2）使用明火部位的装修。厨房操作间内的顶棚、墙面、地面均应采用A级防火装修材料。经常使用明火器具的实验室、餐厅等空间，装修材料的燃烧性能等级，除A级以外，均应在附表规定的基础上提高一级。

3）疏散通道的装修。疏散通道和安全出口的前厅，其顶棚应采用A级装修材料，其他部位应采用不低于B1级的装修材料，并且发烟量要小。建筑物内上下连通的开敞楼梯、中庭、走廊、自动扶梯、共享大厅等空间，其连通部位的顶棚、墙面应采用A级装修材料，其他部位应采用不低于B1级的装修材料。室内装修不应遮挡消防设施和疏散指示标志和出口，并且不应妨碍消防设施和疏散通道的正常使用。

4）建筑装修防火构造措施。空腔类的装修构造如吊顶、隔墙、地台等，若采用木龙骨、木饰面板，应采用防火处理措施，涂刷防火涂料（防火漆）或粘贴防火板饰面，使木龙骨、木饰面板达到B1级装修材料的标准；各种设备管道穿过墙体时，管道与墙体之间的缝隙应采用非燃烧材料密封，以防止火势通过缝隙蔓延；建筑内部变形缝（温度缝、抗震缝、沉降缝）的两侧基层，应采用A级防火装修材料，饰面装修应采用不低于Bl级的装修材料，木制盖缝板应涂刷防火涂料，以保证达到B1级装修材料的标准；当采暖通风管道通过可燃构件时，应与可燃构件保持一定距离，当管道温度不超过100℃时，应与可燃构件保持不小于0.5m的距离，当管道温度超过100℃时，应与可燃构件保持不小于1m的距离或采用非燃烧材料隔热，采暖通风管道的保温材料应采用非燃烧材料；高层建筑中起装饰和分隔作用的隔墙，应砌筑至结构梁板的底部，不留缝隙，以防止火势在吊顶内蔓延。

（3）灯具与电气防火设施。

1）开关、插座和照明器具：开关、插座和照明器具接近可燃物时，应采取隔热、散热等保护措施，灯饰采用材料的燃烧性能等级不应低于B1级。

2）灯具的位置：白炽灯、荧光高压汞灯、镇流器等不应直接设置在可燃装修材料或可燃构件上。

3）室内供电线管的敷设要求：供电线管敷设在吊顶内部空间中，当吊顶内有可燃物时，其配电线路应采用穿金属管保护，并应在吊顶外部设置电源开关，以便必要时切断吊顶内所有电气线路的电源。吊顶内部敷设供电线路，必须穿管保护（金属管、PVC管），不允许裸露明线。墙体内走供电线路，必须穿管保护，不允许在墙面上剔槽走线。

4）消防指示灯具的设置：疏散应急照明灯宜设在墙面或顶棚上，安全出口标志宜设在出口端部的明显位置。

⊙本章要点、思考和练习题

本章介绍了室内设计基础知识，建筑、装修专业设计及施工专业知识。分析了整体环境思路、功能布局和艺术处理方面的思路。还有室内环境设计的技术、设备和电气问题等与室内设计紧密相关的技术知识。

1. 简述室内设计基础知识的内涵和外延。
2. 怎样认识建筑室内装修的技术与艺术？
3. 如何思考室内设计环境的整体性？
4. 简述室内设计的功能美与形式美的关系。

室内设计空间创意

第一节　室内设计的空间构成

一、形态塑造

（一）空间形态特征

空间是人类一切生活、工作所必需的，人类历史为了追求发展，从未间断过对建筑空间的追求。空间一般指内部空间和外部空间，以内部空间为例，人类经历了三个时代：最初是图腾膜拜的恐怖空间时代（金字塔以前）；然后是一神独尊的和谐空间（从古希腊到近代）；现代人则进入了人性复归的共享空间时代。就建筑自身讲，目的是将人们在生产、生活及审美方面的舒适需要，经过物质技术与手段转化成一定的形状、体量和质量的室内空间环境。建筑所提供的实用空间，是建筑艺术区别于其他造型艺术的重要标志之一，空间既是建筑的重要组成单元，又是追求的对象，更是室内环境艺术设计的灵魂。

的确，如果说建筑艺术的主角是空间，或者建筑艺术感染力的最强的因素也是空间的话，那么室内空间环境的要素应是空间形态的塑造。当然，室内环境艺术设计的要素是很多的，如光照色彩、壁画、雕塑、视觉中心、意境风格、材质肌理以及家具陈设、装饰织物等，但是这是后来考虑的。真正能够强烈持久，从根本上震撼人心的是空间及空间形态的变化。优秀的室内环境艺术设计，应是人和建筑环境的整合设计，最终服务于人的空间既以人为主，又物为人用。

（二）空间机能组织

机能组织是室内空间环境形象设计前，应先考虑的机能因素，要视活动性质而定，按其使用目的的不同，所强调的机能性质也不同。无论哪一类建筑其室内空间环境都要满足以下三种机能：

（1）物理机能。这是指强调影响室内空间的自然条件或物理条件，如通风、采光、遮阳及景观等，一般机房、实验室、医院等室内环境较为注重物理机能因素。

（2）生理机能。这是指强调使用效率，必须符合人体工学来设计室内空间及器具尺寸，这些数据都很客观和标准，如学校、办公室、居住室内环境等。

（3）心理机能。这是指对于空间的比例、尺度等关系，予以特殊的处理，以满足视觉等感官上的要求。加强其感受效果，如纪念馆、美术馆等文化建筑室内空间便是特别强调的，通过给人以威严、神圣或活泼内涵的室内空间环境，来强调不同空间形态的使用机能。

1. 空间形态

各种空间形态、形象及形状，能使人产生各种不同的感受，这是人们在长期的社会实践中，由于参与各种不同活动性质的生活体验、经历所形成的。诚然，人们置身于室内空间之中，并不是为了专门地欣赏室内的空间形象，往往是在漫不经心地被所处的空间环境吸引而受到感染，使人们潜移默化地感到自己所处的室内空间环境对这种具体活动的功能性质和视觉美感适宜程度上恰如其分。人们常常是按照习惯方式来组织各种活动的，满足于种种活动方式的空间环境形式，是由于功能上的适宜而被采用。例如，规则的方、圆、正三角形体空间，因为它们具有严谨规整的几何形象，其形式对称、固定，趋向于静止安稳，给人以端庄、平稳、隆重的空间气氛；而不规则的空间形态，则常常灵活多变，其室内空间艺术构图上往往不拘泥于局部形式；还有富有动感的空间形态，明朗轻松富有亲切感的室内空间环境气氛，则使空间艺术结构更多地构成整体空间形象的变幻。

2. 空间连续

人们对空间形态、形象的视觉感受，首先来自视野所及的各围护面所形成的空间体量，其次才逐步完成于因人们在空间活动时，视线从一处转到另一处时所见到的空间造型延续变化，即空间——视觉——造型的连续过程。人们在室内活动时，总是顺应引导空间的走动而边走边看，因而空间造型就不能仅从单纯的空间来考虑，要联系到与之相邻空间环境的呼应，使人们在通过第一个空间时，从空间环境上就要为下一个空间的过渡作好视觉连续，这样便可构成空间环境形象的连续性。

室内空间环境设计无论大小都有规律可循，但视野在视距、视角、方位等方面都有一定的限制。室内外光线在性质上、照度上也很不一样，室外是直射光线，具有较强的明暗对比关系。室内则多是反射光、漫射光及间接的混合，有着强烈的对比，光线照度（lx）比室外要弱。因此，同样一个物体，在室外显得小，在室内则显得大，在室外显得鲜明，在室内则显得柔和。了解这一点对考虑室内环境形态的尺度、比例及色彩（指光与色）是很重要的。

二、形象设计

1. 室内空间形象设计

室内空间形象决定空间环境总体效果，对空间环境气氛、格调起着关键性的作用。室内空间各种各样的不同处理手法与不同目的要求，最终将凝结在空间形象之中。在思考室内空间形象时，应首先区别其具体空间环境（语言环境），即空间环境虚实形态内在、有机的区别与联系。虚形态如环境场所、空间知觉及光影层次等；实形态则包含点、线、面、体等。空间形象构成最基本的因素是由点、线、面构成的室内环境的单元体，可分为理性抽象形态和自然形态。

空间体是由点、线、面构成体，根据建筑的基本特征，将其可划分为实体空间、虚拟空间和动态空间三大类。一般来说，一个室内空间总有一个主要空间和围绕在主要空间周围的辅助空间，主要空间与次要空间的划分组成了空间序列，以强调某种意境，空间与空间之间既分隔又统一。

室内空间的创造方法，起源于人们对内部空间的要求趋向于多样化与灵活性，但这种空间创造不能脱离既定空间的功能需要。因而，要善于利用一切现实的客观因素，化不利因素为有利因素，充分利用空间，变有限空间为无限空间。据此，室内空间环境形象所要解决好的主要问题是：

（1）主要空间和次要空间的划分；

（2）空间与空间的联系，是既分割又统一的整体；

（3）虚与实、动与静的变化。

2. 空间尺度

室内空间尺度首先是要把人考虑进去的，这是不容置疑的。空间是让人从内部去感受的，所以考察空间尺度时应考虑人和空间的关系，若以表现景为主，单看景是好的，空间比例也恰当，如果人走进去或有人的活动时，则感到太挤或太满就不完整了。这说明了一层含义：

空间的构成不仅是以人的活动为根据的，而且“人”也应是构成室内空间的一个非常重要的活动因素，人们根据自己的生活经历，常常会体验到不同高低、大小的空间环境，给人以不同的精神感受。

例如，高大的空间人们会感到崇高向上、开阔宏伟；低矮小巧的空间，使人感到温暖亲切，更宜于情感交流。人们对空间尺度比例的印象，对空间高低大小的判断，往往是凭借人们的视野所及的墙面、天花和地面所构成的内部空间形象的观感来体验的。因此，构成空间艺术的比例尺度，除了依据绝对尺寸来推敲各个围护体面的比例尺度外，还要参照室内环境中活动着的人们视域中经过视觉透视规律订正过的真实感来决定。一般以集体活动为主的空间，需要较大的空间尺度、大多侧重于对空间环境艺术形象的创造；而少数人活动的小空间则侧重于考虑亲切气氛之感。它们应是运用艺术与技术手段，精心组织设计的，这就形成了这些构件在室内环境与空间形象的关系，不是单一简单的空间环境，而是经过艺术加工形成的空间环境艺术序列。

3. 空间延伸

空间延伸或扩大空间，是为了使一些小尺度或低空间的室内获得较为开阔、爽朗的视感境界。相比而言，室内的空间是有限的，为了扩大室内空间，首先是沟通室内外之间的联系，然后是处理好它们之间的过渡。从建筑空间上的先抑后扬、以小见大或者共享空间等，主要是诱导视野顺应围护面而伸延，以打破闭塞的局面，这样就可以使空间感流通、多变，变有限空间为无限空间。室内空间感的延伸、扩大，首先要求建筑物的外围护体在技术上具有通透处理的可能性，这就需要与建筑师的协作配合，以达到实体与虚体空间的协作配合。

总之，空间是造型中室内设计层次等多种艺术效果的交融渗透。这些手法深刻地影响到室内环境设计。许多优秀室内环境设计作品，常常以方向鲜明、层次丰富、变化多端来取得空间艺术在总体结构与风格情趣上的和谐一致。

4. 空间的美

艺术与美是分不开的，艺术的本性和特征是具有美的。所谓美是人们的五官在知觉形式上、各项关系上的统一体。针对空间的构成而言，应该是建立科学的或者说造型心理上的美学环境，这应该是我们所追求的目标。美是和谐，诚然，空间的美也需要美的和谐，即形式美的规律：统一中求变化、均衡、韵律、节奏等等。值得注意的是室内空间不是独立存在的，它与周围环境的关系如过渡、联系和渗透等都具有空间的内涵。

例如，贝聿铭先生设计的香山饭店利用内外空间的过渡、周围的变化，巧妙地解决了香山饭店主入口和落地景窗，使空间自然的过渡，并使原来的空间有机地统一起来。利用门与窗把室外空间借入室内空间，使空间通过共同手法、材料、统一的细部来加强联系。人的视线移动和流通是在立体上展开的，这一相互交叉缠绕，造成一种回归自然之效果。

美国亚特兰大海伊艺术博物馆的中央大厅既是博物馆的序幕又是整个活动空间的控制点，使阳光大厅更添艺术美感。日本著名建筑师黑川纪章设计的福冈银行创造了一个屋顶下的广场，构成了内部空间外部化。为了把这个空间与外部空间联系起来，所有朝向这个空间的墙壁都尽可能做透明处理。在这个巨大空间中种植了一百多株树木，设置了一些著名雕塑作品和休息区，成了城市的“起居室”，从而使内外空间穿插辉映，既是内空间又是外空间。

总之，美本来是不确定的，只有赋予美的因素功能美和形式美，创作出来的作品才是实在的，美在一定范围内才有了确定性。如图3-1-1 ～图3-1-21所示。

图3-1-1　迪拜帆船酒店中庭异型空间构成

图3-1-2　上海金茂凯悦酒店商务楼空间设计

图3-1-3　上海金茂凯悦酒店中庭空间设计

图3-1-4　上海金茂凯悦酒店中庭空间细部设计

图3-1-5　迪拜帆船酒店豪华广场空间构成

图3-1-6　深圳音乐厅墙面富有韵律感的空间设计效果

图3-1-7 中国美院教学楼庭院空间设计有着鲜明的传统建筑风格

图3-1-8 上海波特曼大酒店大堂大胆运用深色柱面并将灯光巧妙地灵活运用

图3-1-9 波特曼大酒店大堂商店的顶面设计通透、自然

图3-1-10 上海同济大学综合楼中庭空间设计1

图3-1-11 上海同济大学综合楼中庭空间楼层设计

图3-1-12 上海同济大学综合楼中庭空间设计2

图3-1-13 苏州博物馆从门厅对景看园林艺术景观效果

图3-1-14 顶面设计既理性、现代又具园林建筑精髓

图3-1-15 苏州博物馆通廊设计跌落起伏、曲径通幽具有园林建筑艺术之大成

图3-1-16 国家大剧院水下通道别有一番意境和情趣

图3-1-17　具有地域特征的酒店大堂空间设计

图3-1-18　具有地域特征的办公议会空间设计

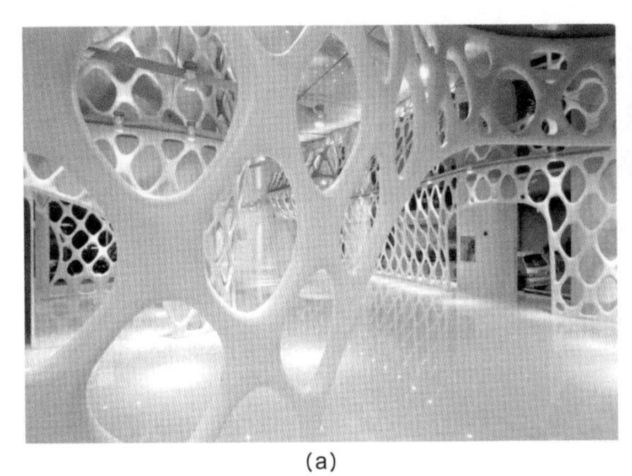

(a)

(b)

图3-1-19　杭州浪漫一身服装商店的空间创意效果

(a)

(b)

图3-1-20　上海世博会德国馆的空间创意

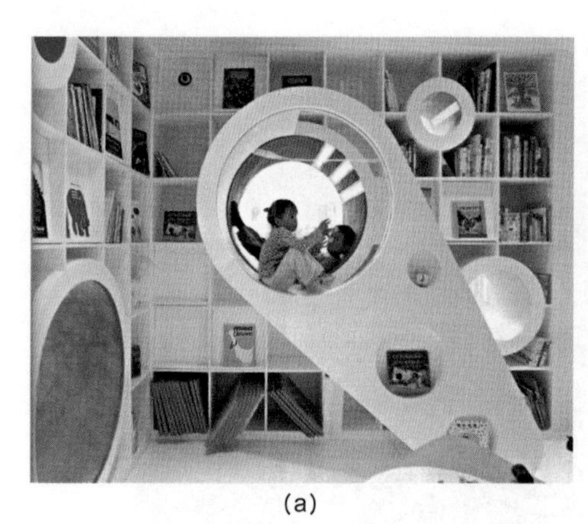
(a)

(b)

图3-1-21 具有儿童天性和情趣的活动空间

第二节 室内设计的视觉中心

一、视觉层次

（一）视觉中心的概念

无论是什么样的室内环境设计都有视觉中心，有的有一个，有的有多个，很难说某个室内没有视觉中心，假如说没有，那么就可以肯定它不是一个完整的设计，或者说不是一个完美的室内环境艺术设计。

作为室内设计师、自然要在设计中考虑如何突出室内的视觉中心，如何强化视觉中心的问题，但并非每一位设计师都能恰如其分地处理好室内视觉中心的若干关系，这取决于设计师的艺术修养和其对问题的认识，有的可能没有意识到这一问题对室内设计整体性的影响。所以，好的设计师要对这一问题作一全面的、统一的认识，并能根据不同的情况具体处理好视觉之间的关系，这样才能形成良好的视觉环境和完美的设计效果。

室内环境设计除了满足人们的使用功能之外，还要满足人的视觉需要这是很重要的。室内的空间形态构成包括墙面、隔断、地面、天花及陈设等这些形态均有形、色、质构成，是有内容、有精神含义的。它们要在室内整个环境构成一定的关系，组合在视觉关系中必然会出现主次关系、中心与陪衬、虚与实、精彩与平淡等形式美现象，这里的中心指环境中的视觉中心。

当人们走进室内环顾四周之余，自然会把目光停留在视觉中心的位置上，它是视觉上的悦目之处，精彩之点，也是设计形式上的高潮之处。因而，视觉中心（有时也被称为趣味中心）即是视觉的落脚点。没有它室内就会平淡无味，设计就不完整统一。所以室内设计师在设计时必然要在室内设置一个或多个视觉中心，以满足视觉审美上的需要。在强调室内环境视觉中心的基础上，还存在着其他中心，如设计中心，功能中心及趣味中心等。不同人对不同的中心感兴趣。然而，不管是设计者还是使用者，他们对视觉中心的认同应该是一致的。

（二）视觉中心的层次

1. 设计中心

当室内设计师接受设计任务时，必然会遇到一大堆设计问题，其中有些是主要的，有些是次要的，如将主要的问题处理好，其他的问题就会迎刃而解，像这种情况可称为设计中心选定。例如，某个室内有许多排列不均的柱子，这些有碍观瞻的柱子僵硬地竖着，不肯作丝毫让步，这似乎是对设计师的挑战，显然这是最使设计师头痛的问题。当然，只要设法将其“隐去”，或是把柱子作为一种特殊的设计语言加以巧妙地利用，其问题就好办了，这个问题就是设计中心的选定问题。

2. 功能中心

任何一个室内设计，都以一定的目的存在着，如以教学为目的的教室，满足这个教室的功能中心便是目的。再如卧室，卧具应当成为它的功能中心，尽管是卧室，但还可以有梳妆区、写字区、起居区。然而应当把室内最好的、最有利于寝卧的区域让给这个功能中心，在卧室中不能将床置于令人难堪、让人不适的位置上。总之， 功能中心这与实用功能是紧密联系在一起的。

3. 兴趣中心

最使人感兴趣的地方可称为兴趣中心，兴趣中心的形成是比较复杂的。它的主观因素比较明显，而且带有可变性，不同的年龄层次在同一室内会有不同的兴趣中心，有时一件精美的工艺品可成为大家的兴趣中心，有的虽然不是处在视觉中心的位置上，但在很多情况下，兴趣中心可以与功能中心融合起来。对设计师来说，这几种情况都会遇到，因此，除了正确理解其中内涵以外，还处理好它们之间的相互关系，这对于创造良好的室内环境来讲是至关重要的。尽管它们之间相互转化、相互结合，但更多的情况下它们是各自独立的。

二、视觉中心

（一）视觉中心的定位

提出了室内环境设计视觉中心这一概念，就需要我们设计者把设计中的各种关系通盘地考虑好，并把视觉中心处理好。视觉是多维的世界，而人在感受视觉对象时，受视阈、控制视点和视距影响视觉感知的限制，视觉的意识状态也影响视觉的感知。视觉有三种工作状态：一是无意识的凝视；二是在无意识的视觉扫描时，视线在目标表现中移动；三是有意识的视觉分析，即朝着选定的目标注意地观察。

一般说来，视觉扫描是先近后远，先中后边，但在很多情况下这种情形会受到冲击。以展览厅为例：墙壁上的作品一幅幅依次而挂，从一般的视觉顺序来讲应是依次而进，但实际上有几幅作品会首先跃入观察者的视野。由此看来，视觉顺序首先决定于人向，面对面的视觉物象先被感知，背向的则后于面向的。然而，在面向的视野内，当人的视觉经过无意识的扫描后，人的目光一般都会停留在最有吸引力的视觉对象上，人具有这样的一种自然感知能力，即能迅速地捕捉到视觉醒目的视觉中心对象上。

例如，在空无一物的房间里，窗外的景色自然成为视觉对象。如果是在一般情况下，室内若有壁画，室内就会出现两个景点：一是窗外景色，一是墙上壁画。这时谁是视觉中心，则取决于窗外景色质量和壁画的艺术效果。在一般情况下人们首先注意人为的作品，然后注意自然的作品。所以说，壁画更能成为这个室内的视觉中心，如果壁画的艺术效果很弱，那么室外的景色也会成为视觉中心，如在室内还有雕塑、陈设等作品，那么室内就出现了三个景点，那么室内最强烈的部分就会成为视觉的中心，所以视觉中心的形成取决于景点艺术质量的高低和设计师的主观创意意图。

综上所述，可知容易成为视觉中心的条件有下面四点：第一，对比强烈的视觉形象易成为视觉中心，也即易被感知，对比有明暗对比、形状对比、色彩对比、质地对比等；第二，特异的视觉形象易成为视觉中心，其原因是这些形象均异于该设计中的其他形象，使人一下子捕捉到了这个空间环境中的特异部分；第三，动态形象易成为视觉中心，如动体雕塑、水景等；第四，暖色形象易成为视觉中心，暖色系列的色彩具有鲜明的激进感，暖色进冷色退，因而暖色首先映入人的眼帘。以上几种条件，设计师如在设计中有意识地加以运用，自然就能让其成为创造视觉中心的有利的条件，因为这些条件始终贯穿着轻重对比的要素。

尽管如此，对比有强有弱，有恰当和不恰当，有精彩和不精彩之分。因此，应把最强烈、最恰当、最精彩、最不同寻常的对比关系运用在最关键的位置上。室内的视觉环境是立体的，而人的眼睛却具有向背性，即便是面向人的视觉景观也只有在双眼夹角60°以内才是正常视觉范围。因此，就要求设计者在设计视觉中心时要符合这一条件，即不能把视觉中心设置在正常视觉范围之外，如果把视觉中心安排在不恰当的位置上，不仅对视觉不利，整个设计的室内效果也会大大减弱。

一个室内空间至少有六个面，除去天花、地面还有四个面，而这四个面的视觉条件是不同等的，其中有的是主要的展示面，有的是次要的陪衬面；有的具有公共性，有的则有私密性。视觉中心应设在何处？这都要视具体情况而定，不能一概而论。在空间较大、关系复杂的室内，区分展示面的主次对于设计者把握设计重点起到重要作用。在一个整体空间中各个面的设计均有所差异，如果面面俱到，就会使空间出现主次不分的混乱局面。

（二）视觉中心的设计

室内环境设计的视觉中心设置不单凭个人爱好，它还需要有一定的依据，上述提及室内至少有一个或多个视觉中心，客观上讲设置几个视觉中心要根据室内的功能性质，室内的空间的划分及使用的对象的不同情况而定。要根据室内的功能性质划分动与静两大类型，静的如书房、卧室、办公室和图书馆等室内空间，这类室内空间的视觉中心设置应相对单一和集中。因此，不仅视觉中心数量要少，而且还要把视觉中心背向功能中心。例如书房，书写者所面对的展示面应尽量简洁，这样不会使人在阅读和书写及思考时受到干扰，又利于休息时调节精神。根据室内的空间划分，在多层次的空间中则要考虑怎样设置视觉中心才能有助于形成室内良好的视觉关系，即要注意大的整体空间的视觉效果，又要顾及小的局部的视觉设计的完整性。

室内设计视觉中心的创造方法是多样的，可以利用多种方法和富有特色的造型语言来建立各种类型的视觉中心。一般来讲，室内环境的视觉中心是通过一定的造型媒介来确定起来的，例如壁画、雕塑及美术作品是常使用的媒介，它的好处是表现力丰富、形式多样、主题性强，容易成为视觉焦点。壁画、壁饰、屏风、陈设等在创造视觉中心的特色方面各有所长，如局部壁饰可形成点式的视觉中心，而整体壁画则可形成面式的视觉中心，主题性壁画在调节室内视觉环境的情调和气氛方面大有可为。在选用壁画作为室内视觉中心时，必须从整体室内空间的环境的效果出发，而不能单纯地把它作为艺术性壁画来创造。壁画的主题、造型手段和风格情调应首先服从室内的总体气氛。

自然光是大自然给我们的恩惠，虽然它本身是无形的，但我们可以通过有形的体与面，给予光以一定的形象，使空间轻重强弱有着丰富的变化。人工光则可以根据人的主观愿望来塑造一定的形象，特别是灯具和灯饰的有机结合，直接的或间接的采光使它们的表现力更为丰富多彩。利用光来创造室内环境的视觉中心是一种较为现代的方法，光在渲染室内气氛方面比之其他方法有着特别之处。

用家具作室内的视觉中心是极为平常的方法，家具既有实用性，又具艺术性。作为具有艺术性的实用品、它的很多造型是很有艺术魅力的，尤其是现代家具设计，强调家具形态的寓意性，运用多元化的造型手法，这对利用家具作为室内视觉中心提供了更多地可能。

运用建筑空间构件来创造室内的视觉中心别具风味，如梁柱、楼梯、漏格、门窗、屏风等使室内获得自然美感，例如壁炉作为室内的视觉中心，能使人体会到一种异国情趣。还有建筑景园清水砖墙室内陈设品等等。

总之，室内环境视觉中心的创造，是设计师所研讨的极具意义的课题，它不仅局限于以上几种手法，还有很多，只要在符合、满足功能需要的基础上能强调形式上的视觉美感，它们之间是相互补充的，并相互转化利用的。关键是设计师如何把握好尺度和层次美感，如把握得当一定能创造出好的室内环境艺术设计作品来，如图3-2-1 ～图3-2-21所示。

图3-2-1 上海金茂凯悦酒店商务楼主入口设计

图3-2-2 旋转楼梯设计强调着视觉美感

图3-2-3 景窗空间设计强调着视觉中心

图3-2-4 商务中心休息区设计

图3-2-5 日本市政厅接待室将建筑构件融入视觉景窗设计

图3-2-6 酒店大堂的地面拼花烘托出中心现代感艺术雕塑

图3-2-7　上海科技馆大厅巨型地球四维影院吸引着人的眼球

图3-2-8　同济大学综合楼空间休闲层局部视觉效果

图3-2-9　酒店大堂中巨型全玻璃鱼影使人们驻足尽享

图3-2-10　日本乳儿岛国际音乐厅尖角的造型和集中的灯光形成了视觉焦点

图3-2-11　综合楼中庭空间楼层视觉效果设计

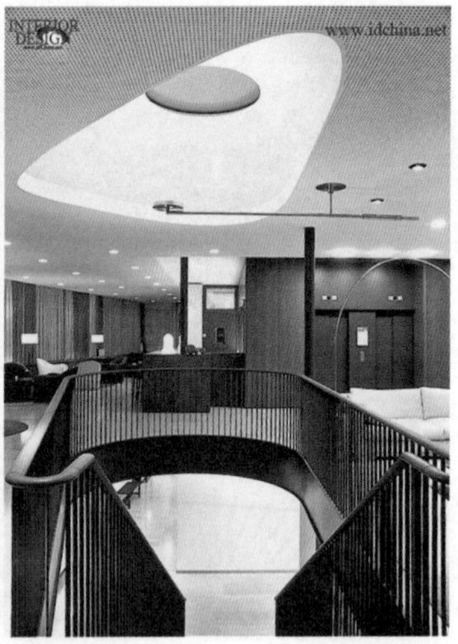

图3-2-12　办公空间吊顶设定着交通楼梯位置明确

图3-2-13 法国布尔多当代艺术博物馆餐厅，墙上的编织物控制着空间效果

(a)

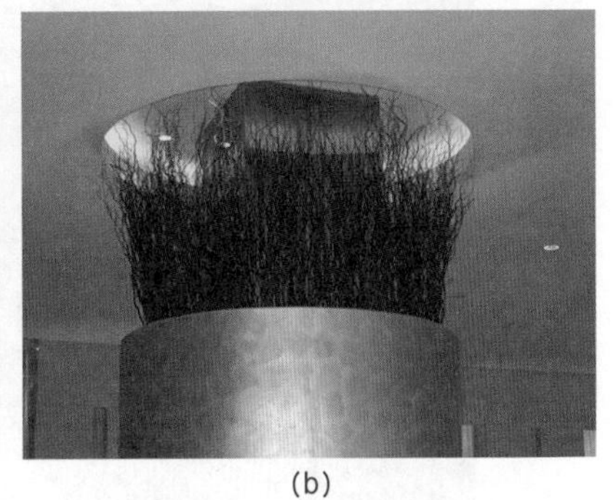

(b)

图3-2-14 山东舜和商务酒店大堂柱饰给人以花一样的视觉美感

(a)

(b)

图3-2-15 上海威斯汀大酒店通廊边的视觉小景

图3-2-16 深圳商务酒店的灯光与色彩视觉处理

(a)

(b)

图3-2-17 博物馆展示艺术品的灯光与色彩视觉处理

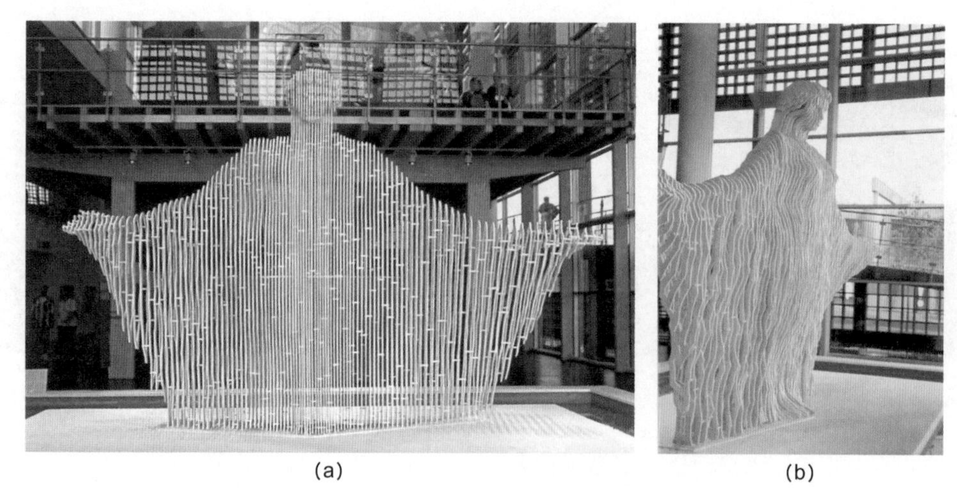

(a)　　　　　　　　　　　　　　　　(b)

图3-2-18　博览会馆展示艺术品的造型视觉美感

(a)　　　　　　　　　　　　　　　　(b)

图3-2-19　具有儿童游戏和视觉美感的墙面艺术造型

图3-2-20　展示空间的文化色彩与造型视觉处理

图3-2-21　日本王子酒店中庭空间设计

第三节 室内设计的材料构造

一、材料选择

（一）材料的功能与装饰

建筑室内装修设计必须以满足基本功能使用和艺术感要求为基础。室内装饰材料的主要功能是使室内空间通过装修装饰，达到更加完美的效果。优秀的设计艺术作品，主要取决于体型、线条、对比和良好的设计创意，而最终的装饰效果则是通过装饰材料的质感、色彩和选择正确的材料取得的。

装修材料的功能与装饰作用概括起来有以下三部分，即保护建筑结构、改善工作与生活条件和装饰美化环境。

1. 保护建筑结构

建筑物的墙体、楼板和屋顶等均是建筑物的主要承重部分。除承接结构荷载具有一定的耐久性外，还要考虑遮风挡雨，保温隔热，减声减噪和防火防潮等诸多功能，而这些要求有的可以依靠结构材料来满足。如普通清水砖墙，具有抗压能力，而用于室内时，则颜色暗淡反射性能差，吸收热量多，不能抵御盐碱的腐蚀等，所以必须在其表面做装修装饰处理。再如钢筋混凝土结构，为防止热胀冷缩变形而导致材料的拉裂侵蚀，也必须做饰面装修。

另外，在室内空间，因为工作的需要，随时都有可能调整空间内的位置关系，这时就需要装修来弥补墙体等结构上的不足。装修还可以改善、保护结构功能的不足，提高建筑物结构的耐久性，延长建筑物的使用寿命。

2. 改善室内工作环境

保证人们有良好的工作环境与生活条件，墙面、地面、楼面和顶棚均应是整洁卫生的，而这些大多是可以通过室内装饰手段来实现，它还可以改善声学性能，如反射声波、吸声、隔音等。通过装修、美化进而满足不同空间、不同界面体的功能要求，延伸和扩展室内环境使用功能，完善室内空间的全面品质。

3. 装饰作用

建筑是一种艺术，建筑装修的室内效果与空间的自身体型、比例、虚实和对比等有密切关系。建筑物的顶棚、墙体、楼面和地面均是建筑物装饰与美化的主要部分，装饰与美化的效果一般是通过质感、线型、尺寸与色彩几个方面来实现。

陶瓷、塑料、玻璃、金属材料等新型装饰材料的大量应用，将现代建筑物装扮的富丽堂皇，绚丽多彩。材料的质感，表面线条的粗细和凹凸不平，对光线的吸收和反射程度的不同等，都会产生不同的感官效果。各类彩色装饰板、天然人造大理石、不锈钢装饰板、玻璃、织物纤维面料等装饰材料，都以不同的质地表现出不同效果特点，通过巧妙地运用，可取得良好的视觉效果。

（二）装修材料与健康

进入21世纪以来，建筑室内装修行业以人为本的设计理念深入人心。追求健康、绿色、舒适的空间环境成为人们工作、生活的最基本愿望。人的一生有65%～80%以上的时间在室内度过，因而，室内环境质量的优劣与人的生活息息相关，直接关系与人体健康相关的物理量值有室内的温度、湿度、通风、换气、噪声、振动、照度等，还包括主观性心理因素值，如平面布置、造型、色彩搭配等，以达到人们在舒适的环境里生活和安居乐业的目的。然而，随着社会的进步和物质生活水平的不断提高，人们越来越多地强调室内空间个性化的装修装饰，而忽视了相应的室内空气污染问题。因此，这就需要我们引以为戒，尽量避免一些有害建筑装修材料导致的相关疾病的发生，这也是设计师选择材料时应注意的问题。室内装修装饰材料产生的污染源包括以下几个方面。

1. 挥发性有机物

在室内装修装饰材料中最常见的污染物是挥发性有机物VOC，已鉴定出300种之多，主要来源于油漆、涂料、胶黏剂、塑料壁纸、塑料门窗、塑料管道等装修材料所用的各种配套助黏剂和发泡剂等。典型的污染物有气态甲醛、游离甲醛、苯系物，这类污染物主要来源于人造板材、家具、地毯、胶黏剂等材料以及内墙涂料和壁纸等。苯系物包括苯、甲苯、二甲苯等。

2. 重金属

在国家强制标准中规定了建筑装饰装修材料中含有重金属的限值。其中，溶剂性木器涂料、内墙涂料、木器家具中限定了可溶性铅、镉、铬、汞，壁纸中限定了铅、汞、钡、砷、硒、锑等多种重金属的含量，聚氧烯地板中限定了可溶性铅和可溶性镉的含量。

3. 有害气体

在国家强制标准中规定了建筑装饰装修材料中无机有害气体的限值，即混凝土外加剂中氨的含量。

4. 放射性物质

在国家强制标准中还规定了建筑材料中放射性核素的限量值。

综上数据表明，室内空气质量不仅受室外大气污染物渗透和扩散的影响，也受室内污染源的影响。因此设计师在选择材料时必须选择符合国家控制标准的建筑室内装修材料。

（三）装修材料的设计技术标准

目前，常用的标准有国家标准和行业标准，各级标准分别由相应的标准化管理部门批准并颁布实施。国家标准与行业标准是全国通用标准，是国家指令性文件。建筑材料的标准是企业生产的产品质量是否合格的依据，也是供需双方对产品质量进行验收的依据。

（1）国家标准。国家标准有强制性标准（国标代号GB）和推荐性标准（国标代号GB/T）。对强制性标准，说明任何技术（或产品）不得低于规定的要求。对推荐性国家标准表示也可执行其他标准的要求。例如《室内装饰装修材料　人造板及其制品中甲醛释放限量》（GB 18580—2017），其中“GB”为国家标准代号，“18580”为标准编号，“2017”为标准颁布年代号。再如《实木地板》（GB/T 15036. 1—2018），其中“GB”为国家标准代号，“T”为推荐性标准，“15036”为标准编号，“2018”为标准颁布年代号。

（2）行业标准。建筑材料的行业标准主要有建材行业标准（代号JC），建工行业标准（代号JG），冶金行业标准（代号YB），建工行业工程建设标准（代号JGJ）等。例如《建筑生石灰》（JC/T 479—2013）“JC”为建材行业标准代号，“T”为推荐性标准，“479”为标准编号，“2013”为标准的颁布年代号。再如《建筑拆除工程安全技术规范》（JGJ 147—2016），“JGJ”为建工行业工程建设标准代号，“147”为标准编号，“2016”为标准颁布年代号。

（3）省级标准。各省级标准设计办公室，也有相应的材料与设计标准。如山东省建筑标准设计《室内装修》（DBJT14-2）图集号：L96J901，省级标准协调国家标准设计，但可根据各地区具体环境的不同分别做地方性标准调整。

二、构造设计

室内装修构造设计是建筑内部空间设计的细部深化表达，是在现有的建筑主体上进一步对艺术美的设计，也是对建筑空间存在不足之处的修改补充，最终达到满足室内空间的使用功能要求。每一个室内空间都有其自己的个性特色，室内设计就是在满足人们的使用功能、心理功能、视觉和触觉上享受的基础之上，能够保护建筑物体，改善空间环境，提高建筑空间质量。因而，室内装修构造已成为现代建筑室内装饰工程中的重要组成部分之一。

室内装修构造是在使用装修材料、制品、造型过程当中，进行二次设计的具体构造做法。它是一门综合性工程技术学科，在设计中与建筑结构、材料、水电、设备和概算施工等方面紧密结合，并提出合理的装修构造设计方案。

（一）室内装修构造设计的类型

装修构造的最主要部位是顶棚、墙面和地面三大界面。一般可分为三大类型：一种是依附在建筑室内空间的顶面、墙面、地面等部位进行基层装修构造，起到保护建筑物结构、延长其使用耐久性的构造设计，例如防潮层、防火墙、保温隔热等结构构造做法，也称为隐蔽装修部分；另一种是依附在面层的室内空间中顶面、墙面、地面等部位的以装饰为主的面层构造，例如，各类贴面板，纺织纤维面料等饰面构造做法；还有一种是通过组装构成设备及制品的装配式及布置摆饰各种构件的构造做法，统称为装配式构造。

以上三种类型都有一个共同的特点，即坚固性和耐用性，并符合实际具体室内空间的使用功能、经济预算和装饰效果。

1. 结构构造

结构构造主要是要处理好建筑物体界面与装修隐蔽部分的连接构造问题。它在装修中起到重要的作用，关系到是否牢固，是否具有耐久性。例如，在钢筋混凝土楼板下做吊顶顶棚，吊筋与楼板连接，再与顶棚材料连接，它们有相互串联作用，所打入（或预埋）的钢筋节点是否够承载重量，位置是否正确，构造点是否合理等否则就有开裂的松动现象，严重的可能会脱落，所吊的顶棚也会造成严重的工程事故。

一般来讲，吊顶棚分为两种形式：一种是上人吊顶，应采用φ8以上吊筋，60系列轻钢龙骨。这一种也有的留有马道的，即上人检修通道，吊顶所承载的重量更大，所以在结构计算时应准确无误；另一种是不上人吊顶，应采用φ6以上吊筋，38系列轻钢龙骨即可。

再如，墙体的门窗表面做护套板，就必须预埋木契，再将垫层（木龙骨）固定于木契上，这样结构层才能够结实可靠，最后是贴面层板和油漆层面。还有就是由于结构层和饰面层所处的位置不尽相同，有的高有的低，构造处理也会不同。例如大理石墙面要求采用挂钩式连接件的构造形式，也可保证连接牢固、可靠。而地面花岗石则无须挂钩连接，采用铺贴式构造即可。

结构构造要求连接件要牢固、可靠，必要时还要采用钢板加固，严防开裂、剥落现象的产生。因为结构构造固定于结构层上，如构造处理不当就会出现面层材料变形甚至脱落问题，不但影响美观，而且还危及人身安全。面积过大的结构构造，要跟随建筑预留伸缩缝，由于结构热胀冷缩，会出现开裂情况，构造处理时面积过大往往要设伸缩缝或加介格条，这样既便于施工维修，又尽量避免了因收缩、膨胀造成的开裂现象，以免造成安全隐患。

2. 饰面构造

饰面构造主要是解决面层与结构之间的结合，在构造处理时应更加细致。例如，贴面板饰面构造，一般有两大类贴面板：一类是大的装修材料要进行现场加工制作，这就需要在选择好材料的同时，计算实际空间尺寸，大小统一，尺寸均匀，标高调整正确，这样制造出来的构造饰面整齐统一，视觉效果较好；另一类是成品型板、型材，也要事先计算好材料用量和装修出来的效果，设计好构造大样，否则，就达不到预想的效果。无论哪一种类型，都应具体了解材料性能，例如平整度、弯曲度、折角度、弹性、可塑性情况等。

在做饰面材料构造时，注意底层（垫层）、防潮层、隔声和隔热等构造处理。如木制品、石膏板、金属板等构造，其底部基层构造应预先处理好，才能进行饰面构造做法。有的直接钉固于基层，有的借助压条、嵌条、金属卡子固定，还有的主要用胶黏剂来粘贴面层，这些都要根据饰面厚度大小、尺寸情况分层处理。饰面构造要求是在构造设计合理的情况下，使饰面构造的面层厚度与材料的耐久性与坚固性成正比。必须保证饰面层具有适当的厚度，饰面构造均匀平整、色泽一致，附着牢固。

3. 装配式构造

装配式构造也称组装式做法，这一种构造形式做法在国外较多，它一改传统的现场加工与现场制作的形式，而大多是在装修工厂将构造基本完成之后，运入所要装修的具体室内空间组装完成。这样既减少现场施工周期，又减少现场污染源等垃圾废物，从而带来环境保护这一新理念，这种构造做法在国外特别受人们的欢迎。

装配式构造目前仅限于一部分构造做法。除设备、配套成品以外，仅限于门与窗套套口、窗帘盒、暖气罩、踢脚板等。如门套是事先测量好室内门洞口尺寸，经过详细的技术设计图纸，将门或窗套口板在装修工厂做好后，运抵现场装配组合，不用任何钉子和预埋木契。将门套板按原设计尺寸，用卡子固定在洞口尺寸上后（门套板与洞口间留10～20mm的施工缝），再用发泡胶射入缝内，以将门套板背面与洞口墙垛挤压成形，然后检查修补边缝即完工。这种构造在我国研发应用的时间较短，具体构造技术还存在问题，如发泡胶的塑性与耐久性还不够，容易发生开裂等现象，但这应是我国建筑室内装修、设计行业的一个发展方向，也是绿色建材、环境保护、减小污染的一个好的途径。

构造设计要重视整体风格，必要时设计师要多与其他专业工程师沟通交流，达到既实用又美观的装修装饰效果。

（二）材料的设计要点

在室内环境的材质组织中，首先应遵循整体性原则，其次应遵循平衡性原则和秩序性原则，另外还有地方性原则和经济性原则等。总之是按实用、经济和美的规律来组织设计。重点要注意的是整体性原则、经济性原则、对比与协调性原则。要“精心设计，巧于用材，优材精用，普材新用”。要达到这一点，往往要求设计师有较高的艺术修养，同时还要具备良好的职业道德。因此，室内环境材质组织的优劣，可反映出一个室内设计师的艺术修养水平和素质的高低。以下几点是材料设计的基本要求，也是室内设计师应遵循的基本原则。

1. 材料的耐久性与稳定性

对于材料的耐久性与稳定性，设计师应该是预先了解到的。在实际的工程设计中，设计师应当了解和掌握两个方面的内容：一是深刻了解材料在形成或制造过程中的材料性质和特征；二是要充分考虑装修后其环境和人对材料的破坏因素，掌握了这两点这样才能充分地发挥材料的功能性和装饰性作用，尽量避免材料在某些方面的弱点和缺陷。

因此，要根据不同环境、不同条件、不同性能，恰到好处地选择装修材料，精心安排施工工艺中对材料的处理和做法，并根据不同环境，采取不同的辅助材料和不同的处理方式。只有这样，材料才能具有良好的耐久性和稳定性，从而具有较长的使用寿命。总而言之，材料的耐久性与稳定性变化的大小与以下因素有关联。

（1）在形成或制造过程中所给予材料的性质和特征。

（2）设计师在材料设计和选择时的技术和经验。

（3）施工人员在施工中对材料的处理和做法。

（4）装修后人的行为对材料的影响。

（5）材料与构造的使用时间长短。

当然，涉及材料耐久性与稳定性的因素不止这些，还有如温度、光线、生物、水分、气体等条件因素与材料的后期保护等，这些内容涉及进一步的材料学方面的具体研究内容。

2. 装修材料与防火

装修材料的防火设计是指在装饰工程中正确地选择材料和合理地利用材料，正确地搭配设计材料，从而最大限度地避免火灾的危害。随着越来越多的室内装修工程项目建设，与室内装修材料有关的火灾隐患也不断增多，不但给消防工作增加了工作难度，也给建筑业造成了一定的损失，并提出了一系列新的思索课题。建筑物火灾的发生、发展和蔓延与室内装修材料的燃烧条件有密切的关系，如材料的阻燃系数达不到，耐火极限不够，材料防火防燃烧级别不够等。因此，室内设计师和施工组织设计人员必须高度的重视防火问题。在防火材料选择设计时应遵循以下防火要求：

我国颁布的GB 50222《建筑内部装修设计防火规范》中对装修材料提出了具体的防火要求范围。如结构材料、饰面材料和可活动的装饰材料等都有明确规定。

（1）墙壁上的各种贴面材料，上部吊顶材料，嵌入吊顶的发光材料、地坪上的饰面材料，电梯间的饰面材料，绝缘饰面材料。

（2）装饰件，包括固定或悬挂在墙上的装饰画，雕刻装饰板、凸起的造型图案、窗帘盒、暖气罩等。

（3）悬挂物，包括布置在房间、走廊或舞台、讲台部位的挂毯、窗帘布、幕布等。

（4）活动隔断，是指可伸缩的滑动和自由拆装非到顶的隔断。到顶的固定隔断与墙面等同。

（5）大型家具，是指大型固定家具，如壁橱、酒吧柜台、钱柜等。另外，有一些布置在建筑内的轻板结构、如货架、档案柜，展讲台等也应属于大型家具。

（6）装饰织物，包括窗帘、床罩、家具面料、包布等。

（三）材料的设计与运用

现代建筑室内装修材料的运用，主要受西方现代建筑室内装饰风格的影响。19世纪初，由于科技的发展，材料的种类越来越丰富，新的时代产生了新的功能，也产生了新的装修装饰风格。

1. 顶棚装修

顶棚面层分为抹（喷）灰类、板材类和裱糊类三种基本形式。抹灰类是将膏灰、油漆、乳胶漆、各种涂料等用手工艺（或机械手喷涂）抹在顶棚上，属普通的吊顶做法；板材类主要是由石膏板、矿棉板、金属板、胶合板、塑料板、玻璃板等固定在带有吊筋龙骨的楼板顶面上，板材类一般还经过面层处理，顶棚龙骨一般采用木制和金属等材料，此种吊顶用得最多，主要是因为它可以预留各种设备在里面的暗藏空间，如电管、消防水管、空调管道等；裱糊类是将各种质感的薄质物层，如壁纸、壁布和织物类等粘贴、裱糊在顶棚上，此类吊顶电管等线路已预埋在楼板内了，如为保持楼层高度选择此种做法为宜。

当然，作为室内空间自身的功能与形式需要，加上其建筑楼板要根据结构的需要，将其分为多种楼板形式。例如，平面式结构，即顶棚表面是比较平滑的，建筑构件简洁，易于室内空间造型，这种大多在大的空间中使用，还有模壳式结构，即由纵横交叉的主次梁形成多种矩形方格，形成井字格式（或叫做井字梁结构），依据这种结构形式进行装修可形成大小不同的井字形造型顶棚，也类似于我国传统建筑中的藻井图形，并且是带有传统造型风格的室内装修空间设计。叠层式结构，即顶棚依混响、回声、吸音等功能需要，其结构产生依次叠落高低变化的空间造型。如影剧院、多功能厅、报告厅等能够满足建筑物理中声学要求的装修，使风管道、灯具（目的是尽量避免眩光）等与室内造型结合得更加优美、自然。再就是悬挂式结构，即在承重的结构下面悬挂各种吊顶形式的材料或饰物，构成悬挂吊顶棚，这种形式大多用于钢结构建筑空间，可以满足声学、照明、管道设备的要求或特殊要求，其吊顶造型优美、现代。

2. 墙面装修

在建筑空间中，各部分的使用要求多种多样，墙面也应根据不同的需要选择材料装修。墙面装修材料运用应是最为丰富的，因为墙面可以用地面材料，如石材大理石、花岗石，各类墙地砖、陶、瓷、地毯（壁布）等，也可以用顶棚材料，如石膏板、木夹板、玻璃、金属材料等，而且，墙面是最能反映室内空间特色和视觉造型焦点的位置。

3. 地面装修

地面作为地坪或楼层地面，首先要起到保护结构地面的作用，使地面坚固耐用。同时也要满足各种使用要求，如防潮、防水、防滑、易清理等特点。有特殊要求的还要具备吸音、隔声、保温、防静电等功能。地面铺装材料主要有大理石、花岗石、陶瓷地砖、木质地板、地毯、玻璃、塑料等，材料选择十分丰富，要根据不同功能要求和艺术效果设计运用材料。

（四）室内材料的应用艺术

1. 构造设计的基本要点

材料是结构的诠释，构造是空间的灵魂。任何室内装修工程设计都离不开具体的材料，它是装修空间结构中的主要组成部分。设计师在进行室内装修设计时，首先要确定创意造型方案，然后就是选用适当的材料加以组织设计，针对材料的特性与技术条件来构想材料的使用，尽力发挥材料的使用价值和美感价值所在。一个优秀的室内设计作品是设计材料与构造之间的有机整体。因此，优秀的室内设计作品，都离不开材料对作品的诠释。如图3-3-1 ～图3-3-23所示。

室内空间是人们工作、学习等活动的重要场所之一，因此除了要解决好室内的使用功能，如生理功能、人机尺度关系之外，还是要解决好空间的形态。构造是构成室内空间形态的实质体现，是空间的精神所在。设计师在构思创意空间时无不在探索着构造的形态美，经过物质技术手段转化为艺术的造型和风格，以此来创造室内空间环境氛围，这种氛围既是舒适的物质生活，又是文化、精神的享受，更是空间的灵魂。由此可见，设计师所创作的优秀设计作品，是在实用功能的基础上，竭力创造出空间的形态造型美，是使用功能与构造造型的完美统一体。

室内装修构造设计的中心目的是指导施工工艺顺利地按照施工图纸实施。它是整体室内设计中重要的组成部分，也可以说是体现设计、创意构想实施的第一步。装修构造设计就是室内环境的具体细部设计。

2. 构造设计的基本步骤

当室内装修设计方案过程中，其创意构思是由设计师在选定各界面材料的同时，确定构造做法基调后，将装修构造设计落实到施工图上，构造设计一般是在整体装修设计方案确定的前提下进行的。所谓施工图，并不是方案图设计和效果图设计，它应是有明确的细部尺寸做法、在装修空间中的具体位置和材料要求做法说明及构造连接方式等，是一个有整体步骤、有计划、有目的的过程，从全面整体到局部细节，然后再回到整体效果上，是一个不断修改完善的设计过程，直至工程竣工完成。

室内装修构造设计图纸的基本步骤有以下几点：

（1）在方案确定阶段，筹划制作物料（材料）样板，并调研材料性能、价格、规格、花色品种。

（2）基本方案确定后，落实构造设计做法，掌握创意思路，并核实材料选定。

（3）先画出施工图主要界面，平面图、立面图、顶面图、尺寸定位和主要材料构造节点大样。

（4）根据施工的定位图纸，平面图、立面图、剖面图来确定每个部分的详细构造做法。

（5）画出具体构造大样详图，必要时可用1:1的比例画出。

（6）协调建筑结构、水、暖、电各专业同步设计，并相互协商。

（7）所有施工图需经过总设计师确认后方可投入使用。

（8）随时调整构造设计不正确之处，直至合理，并符合该工程基本指导思想。

（9）投入施工工艺阶段，现场可调整修改构造设计图纸。

（10）按照国家设计验收规范标准，进行工程验收。

图3-3-1　上海威斯汀大酒店水晶玻璃钢构楼梯玲珑剔透

图3-3-2　匈牙利布达佩斯银行透明玻璃电梯显示着材料与构造的现代派

图3-3-3　上海科技馆大厅球形网架具有很高的科技含量

图3-3-4　上海科技馆展品运输通道

图3-3-5　德国汉诺威博览会钢结构玻璃通道

图3-3-6　上海金茂凯悦酒店商务楼斜拉钢结构设计强调着现代技术材料美

图3-3-7　室内天桥设计强调着现代技术材料美，构造的技术与艺术美

图3-3-8　上海金茂凯悦酒店商务楼旋转楼梯设计强调着现代技术材料美

图3-3-9　室内中庭通道设计强调着现代技术材料美1

图3-3-10　中庭通道设计强调着现代技术材料美2

图3-3-11　山东舜和商务酒店大堂服务台花岗石与细致的商品形成鲜明的对比视觉效果

图3-3-12　山东舜和商务酒店电梯厅出入口透明的玻璃与粗制墙面形成对比效果

图3-3-13　电梯厅出入口细部材料与构造效果1

图3-3-14　电梯厅出入口细部材料与构造效果2

图3-3-15　德国汉诺威博览会金属板钢构楼梯

图3-3-16　德国汉诺威博览会运用环保材料棚顶构造

图3-3-17　德国汉诺威博览会运用环保材料棚顶构造

图3-3-18　德国商务中心水景石材巧妙的构造设计

图3-3-19　上海科技馆展厅柱饰构造材质处理与局部效果

图3-3-20　富美家防火板可弯曲材料展示设计

图3-3-21　富美家色粒石防火板创意板材料展示

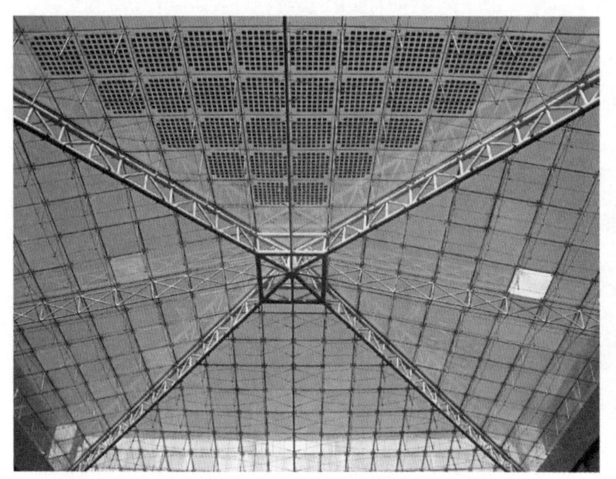

图3-3-22　山东力诺办公楼中庭棚顶构造设计

图3-3-23　北京人民大会堂会议厅实木门设计效果

第四节　室内设计的光照色彩

一、光照特征

在人们多种多样的感觉中，视觉是最主要的感觉。据有关资料统计，仅靠眼睛获得的外界信息就占87%，而人眼只有通过光在物体上造成色彩的作用才能获得印象，色彩唤起人的第一视觉作用。“建筑艺术是在光照条件下对体量的巧妙、正确和卓越的处理，色彩是被人们遗忘了的巨大建筑力”，勒·柯布西埃这样说过。有经验的美术家、建筑师都十分重视色彩对人的感觉心理（生理）和物理的巨大作用，十分重视色彩引起人的联想、情感，以期望在室内环境设计中创造富有性格层次和美感的色彩环境。

（一）室内环境色彩特征

色彩都具有某一表象特征形象，人类在长期的实践经验中获得了对色彩的认识和感受：红色使人联想到太阳、火与热情，与活跃相连；绿色使人联想到树木、柔嫩与年青、和平；蓝色则使人联想到大海、蓝天与寂静、理智与清洁等。自然界所有的色彩都存在于人们的视野之中。进一步讲，色彩也有冷暖、远近之分；红、橙、黄色使人感到温暖，相反蓝、绿、紫色使人感到冰冷；高明度的色彩和暖色色彩犹如灯火一般感到近，低明度的色彩和冷色色彩就像远山一般感到远。

暖色有扩张和运动感，冷色有收缩和安静感。色彩以各种各样的温度感、距离感、重量感、尺度感等直接影响室内环境气氛的创造。在进行色彩设计时能成功地使用这些色彩形象是非常重要的，例如，在医院、办公楼等房间，可采用各种调和的灰色以获得安静、柔和的气氛；在旅馆门厅、商业建筑室内和其他一些逗留时间较短的公共场所，适当使用高明度色彩，可以获得光彩夺目、热烈兴奋的气氛；在空间低矮的房间里，常常采用具有轻远感的色彩来解决压抑感，相反也可以采用具有收缩感的色彩来避免空旷感。在同一个房间中，从装修的天花板、墙面到地面色彩往往是从上到下由明亮渐趋暗重，以丰富色彩层次，扩展视觉空间，并加强了空间的稳定感。

然而，在具体色彩环境中各种颜色往往是在相互作用中存在的，在协调中得到表现，在对比中得到衬托。离开具体色彩环境中的各种颜色的相互关系，抽象地、孤立地谈某一种色彩作用和特点，就会失去意义。在色彩的相互关系中，协调和对比是最根本的关系，如何恰如其分地处理好色彩的协调和对比关系，是室内色彩环境与气氛创造中的一个核心问题。色彩的协调意味着色彩三要素——色相、明度、饱和度（彩度）之间的接近，从而给人以统一感。而过分的统一又会给人以平淡、单调、软弱之感。色彩的对比意味着色相、明度、饱和度（纯度）之间的疏远，过强的对比使人感到刺激、不安、眼花缭乱。色彩设计的关键不在于采用何种颜色，而在于如何配色，即在已选定的室内环境材料颜色的基础上，掌握好协调与对比的分寸。艺术家、建筑师对于各种各样色彩的组合方法，都凝聚着他们丰富的经验。良好的配色，可创造出给人以美感的色彩环境和富有诗意的气氛。例如，黄灰、紫灰、蓝灰等各种灰色调的协调，相互之间微妙的变化给人以从容、高雅、宁静、和谐的气氛。土黄、土红、橄榄绿、赭褐等各种间色、多色的配合，给人以淳朴、稳重、持久和无矫揉造作之感。大面积的对比色做基调，可以追求刺激、灵活多变、多彩的梦幻，但同时也往往带来动荡不安之感。所以，大面积的调和与重点部分的对比相结合，往往能收到较为理想的效果。总之，在实践中大自然是色彩缤纷的世界、是创作的根基，设计师可以从中得到色彩构图的启示和灵感，在室内环境中创造出巧夺天工的色彩环境与气氛。

（二）室内光照环境设计

大家都知道，自然界的光谱是由红、橙、黄、绿、青、兰、紫七色组合而成的，具有较固定的光谱，室内空间的环境需要光照才能得以实现、适应。一般来讲，室内环境分为自然采光和人工采光两大类。选择自然采光不仅是因为它的照度和光谱性质，而且是由于其能与室外的自然景观联系在一起，可以给人提供直接的三维空间，因借自然之妙处，所以在室内环境设计时要与建筑设计同步进行。例如，通透大玻璃窗可以使人感到舒展、开阔，大自然的景观尽收眼底；垂直窗可以取得条屏挂幅、勾画佳作之画境；高窗可以给人以安定、减少眩光之功效，更能取得大面积的实墙面。而各种异形窗、花格扇等，由于光影交织似透非透，虚实对比，投射到地面或粉墙上，更是变化多端、生动活泼。

如果说色彩自身具有性格的倾向性和情感性联想的话，那么人工照明则可以使色彩发生无穷变幻，且具有运动倾向性。人工采光在室内光照环境气氛创造中的重要性，只要回想一下它在摄影棚、舞台上的艺术效果便可想而知了，它不愧是色彩气氛变幻的魔术师，能创造出五彩缤纷的效果。

室内环境设计光照一般有直接采光、间接采光和混合采光三种基本形式。现代光学科技又给室内光照环境带来了丰富的条件，因而在此范围内是大有可为的，它不仅能做一般采光，还可在室内光照环境具体表现中起导向作用、材料质感效果和强调中心的作用等。利用光的导向性可以在室内气氛转换中获得一个统一和谐的过渡。这种手法可以在室内环境设计中创造虚拟空间气氛，多在一些多功能活动中心的公共大厅中采用。北京昆仑饭店在四季厅的光环境设计中，直接、间接与混合等人工采光形式并用，整个四季厅的水泥梁柱、天窗桁架、大玻璃面上都不打背景光，只在一组组高低错落的六角形茶座和山石水池之间设置采光。夜幕降临，整个四季厅的大空间不存在了，有的只是集中照明的一组组虚拟空间。人们可以抬头望见星星月光，使人仿佛置身于星空郊外。利用光表现材料质感，在室内环境设计中最突出的就是具有高反光性能的镜面等材料的应用。镜面可以在即定有限的空间中扩展空间，这已是毋庸多言的。而光泽的金属材料对光色的反射，可以使室内气氛灿烂夺目，反射出瑰丽的色彩交相辉映，顿时使室内气氛平添姿色。

二、色彩设计

在上一节中我们已提到过，空间“空”的部分是室内环境设计的主体内容。结构材料构成空间，装修装饰为空间锦上添花，光照色彩展示空间。这样，空的部分才得已存在，室内环境色彩气氛的创造，体现了“以物质为其用，以精神为其本”的设计艺术创意目的。如图3-4-1 ～ 3-4-25所示。

那么，在室内环境设计中，怎样创造一个既统一又有对比的、有个性的色彩环境气氛呢？在室内整体环境设计中要统一格调，就是每个局部、细节都要顺应整体的色彩。只要与总体色彩不协调的，再动人的色彩也要忍痛割爱。建筑作为一门科学与文化艺术相结合的学科，它与纯艺术（绘画、音乐、文学等）相比，要受到更多的客观限制，诸如材料、施工、功能、经济实力等因素的制约，所要处理的问题也多。因此，在进行色彩设计时首先要从大的空间关系上创造一个完整的而又有特色的室内空间环境气氛，然后再处理好每一个细节，在室内环境色彩设计中统一基调，即要有一个主色调。

一首乐曲有主旋律，一幅绘画有主色调，一个空间应有一个主气氛。室内环境气氛的创造，失去了首要强调的，如同乐曲和绘画走了调子一样，注定要失败的。因而设计师必须十分慎重地选择和确定基本色调，全面考虑各部分色彩变化与主色调的关系。

在香山饭店的室内色彩设计中，贝聿铭先生采用白与灰作为主色调，使室内与室外环境色彩浑然一体，室内也是室外，室外也是室内，室内木材、花岗石又与香山树木、山石和自然景观紧密相连，融为一体，真正达到了细致入微的地步。这方面的例子很多，这说明在具体特定的室内环境设计中，必须有一个主要色调，才能创造出富有特色和有倾向性的、有感染力的室内环境气氛。没有主色调，就没有色彩性格，更谈不上环境气氛了。当然这绝不意味着排斥由许多复杂的内容组成的建筑室内环境，有一些室内环境也可以有各种倾向性色调。

另外，需要注意的是这些空间首先必须从属于一个主空间，而主空间与公共部分仍然必须倾向一个主色调；第二，尽管这些空间色调各异，但它们之间应该有秩序感、相互联系；第三，应当有一至两种共通的呼应色起协调作用，例如黑、白、灰、金、银色，因为它们与任何颜色都能协调，如母题重复、追求神似、繁简得体、背景衬托等，充分运用这些色调能创造出非常协调的室内环境色彩气氛来，如图3-4-1 ～图3-4-24所示。

图3-4-1　东京漱田川住宅以简练的光影诠释现代感特征

图3-4-2　纽约州罗切斯特教堂学院的间接采光形式

(a)

(b)

图3-4-3　德国汉诺威博览会会馆自然采光形式

图3-4-4　美国亚特兰大美术馆中庭自然采光，使绘画作品清晰可见

图3-4-5　北京香山饭店大堂具有江南园林色彩的符号

图3-4-6　加拿大西餐厅大胆地运用色块装饰

图3-4-7　西餐厅大胆地运用色块装饰

图3-4-8 文化会馆运用现代科技声、光、电，创造一种梦幻的效果

图3-4-9 运用眩光、刺激来创造色彩效果

图3-4-10 广州国际展览中心运用墙面色彩来区分展区位置

图3-4-11 时尚、新潮的办公空间设计

图3-4-12 运用灯饰的造型形成间接漫射光，给餐厅以柔和的气氛

(a)

(b)

图3-4-13　上海金茂凯悦酒店商务楼中庭灯饰设计，上部是人行天桥，体现着使用功能与艺术设计

图3-4-14　上海金茂凯悦酒店商务楼门厅设计，强调实力与稳重

图3-4-15　上海金茂凯悦酒店游泳馆灯光色彩设计的视觉美感

图3-4-16　具有光效应的通道设计，颇具时尚、现代感

图3-4-17　上海威斯汀酒店酒吧咖啡厅吧台的灯光色彩设计

图3-4-18　酒吧咖啡厅座边的灯光色彩装饰设计

图3-4-19　运用现代科技声、光、电，创造一种梦幻的效果

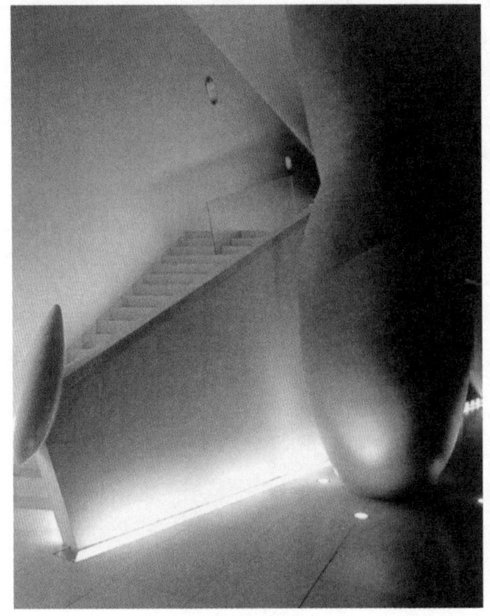

图3-4-20　日本朝日啤酒公共楼梯，雕塑和照明给人一种梦幻未来的效果

图3-4-21　欧洲教堂空间的间接漫射采光形式显得通透、自然、向上

图3-4-22　美国纽约电子城音乐厅间接漫射采光环形式

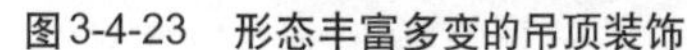

图3-4-23　形态丰富多变的吊顶装饰

图3-4-24　个性张扬的空间廊道与导向设计

第五节　室内设计的装饰品位

一、壁画与壁饰

（一）壁画与壁饰种类

壁画与壁饰泛指壁画、壁饰、壁毯、挂饰等墙面上的工艺美术品。室内壁画设计作为室内环境墙面、隔断及天花的一个重要组成部分，在室内环境艺术中占有重要的地位，它与室内环境的艺术气氛有着密切的联系。因此，它不仅作为建筑艺术整体的一个有机组成部分有着物质功能，同时也与其他（雕塑、绘画）艺术作品一样有着精神功能。壁画的物质功能是指壁画（壁饰、壁毯、挂饰）要配合建筑的墙面、隔断及天花共同构成室内环境空间，作为建筑艺术的构件并符合环境与工艺制作的要求。壁画的精神功能是指要通过建筑环境向人们展示教育的一个内容，从而激发、提高人们的情操、审美意识及欣赏水平。

科学给人以知识，而艺术则给人以感染力，艺术作品总是能激发人们的情绪，使人们对人生未来、对大自然都产生美的感受。这既是建筑壁画的精神功能，也可以说是壁画装饰的目的。因此，壁画是环境艺术高层次的存在，它不仅本身给环境赋了文化内涵，而且壁画又是把建筑的物质世界向艺术的精神世界延伸的一种手段，从而创造积极向上的富有生命力的室内环境艺术气氛。

壁画是建筑艺术整体的一个部分，与建筑艺术语言应当是和谐统一的。建筑大师吴良镛说过："建筑不能没有美术，在建筑设计过程中应该和美术家、雕刻家一道来创作"。他这段话充分表明壁画与建筑环境互为依存。壁画设计的优劣不仅取决于画面本身的艺术效果，更取决于它在建筑环境中所起的作用，壁画的艺术应融于整个建筑环境艺术价值之中，是"壁"（曰墙壁）与"画"（曰画境）的结合。

壁画与建筑环境的互为依存，决定了壁画的创作特点，它必须符合环境与工艺材料的制作要求，并大都要比较坚固、耐久，使壁画有永久性，还要与雕塑、美术作品相辅相成。壁画要与环境密切结合，在设计中应事先考虑壁画在室内环境中的构图作用，以及环境结构、材料、制作等对壁画的影响。在室内环境（或庭院）中，壁画一般处于建筑室内平面、立面空间的主轴线上，成为室内环境空间序列中的一个重要装饰。它决定着室内空间环境艺术设计的装饰格调和品位，环境格调与品位是装饰的主题。所以，壁画的具体环境配置首先要符合人们的视觉规律，使壁画的布局与实体空间相协调，以取得平衡或对称，再者就是壁画的位置、角度和尺度要合理。还有就是壁画的表现方法要有利于改善空间感，增加室内情趣感，题材、构思的不同，能够产生不同的空间效果。

（二）室内环境与壁画壁饰

壁画与一般绘画的一个重要区别就是壁画的尺度是巨大的。在整体室内空间环境中占主要位置，对人们的视神经系统产生强烈的印象，人们在实地观赏壁画时，往往被大幅壁画所“包围”，像是置身于“情节”空间之中。所以，实际画面与形象尺度的大小是非常关键的，室内空间环境不仅要求壁画具有扩展或限定空间的作用，而且还规定着壁画的构图、造型与色彩的关系。建筑空间开间、进深的大小决定了壁画构图的尺度。进行壁画装饰时除视距得当，形象完整外，还要根据室内环境关系的变化，处理好虚与实的空间艺术关系。在壁画设计中要把握这些虚与实的关系，充分得到空间中物质与精神的舒适，就需要壁画扩展空间或限定空间。一般用构图的方向、造型和色彩的冷暖等手段，形成某种视觉纵深感，使实际建筑空间在视觉上得以延深或限定。现代科学技术的发展以及新材料的发展、挖掘，使得壁画材料也花样各异：陶瓷材料有陶瓷、马赛克、陶浮雕；特艺材料有磨漆、镶嵌、景泰蓝等；纤维材料有壁毯、绒绣、腊漆、草编等；硬质材料有大理石线刻、金属浮雕、磨砂玻璃、夹芯板等；绘制材料有丙烯、油画、沥粉等；设计形式上则更加丰富多彩。具体设计时要根据具体环境具体分析。例如，休息厅、客厅的壁画应具有优雅、舒适的特点，以体现宁静、亲切的气氛，以山水风光为内容的壁画较合适；宴会厅、舞厅等欢快、喜悦的场所，则宜用色彩艳丽的宴乐、歌舞为壁画内容。虽然有些壁画也许没有具体内容，比较抽象，但其格调、气氛仍要与室内空间环境特征相协调。壁画构图设计不但要考虑与空间环境协调，还要从属工艺制作与限制，在限制中取得自由和各自的艺术效果。

壁画设计对建筑环境有明确的要求，因此，应对建筑空间（墙面、地面、天花、家具、陈设等）从视觉效果关系的多种角度作深入分析体验，从而逐步明确壁画与环境是怎样的关系，这是壁画设计的前提依据。同时，环境的需求、建筑师的构思也制约着壁画装饰，而壁画的充实则同时改变着环境。这种环境与壁画之间的关系，喻示着壁画创作活动自始至终都是多方面的思维，设计师必须在此基础上考虑壁画设计的基本因素，即构图、造型与色彩。

二、壁画设计

（一）壁画的构图设计

从属于建筑空间环境的壁画，是建筑的有机组成部分，在设计壁画构图时首先要考虑建筑空间环境、结构构件，并与其保持统一，为之增色或弥补其中的不足。以济南舜耕山庄大堂丙烯壁画《舜耕历山》（张一民先生设计，31.6m × 3.9m，丙烯喷绘）为例，走进门厅，正对面为大堂1/4之处，在构图上作者考虑壁画正对门厅的部分，要给人以第一印象，所以将点题的重要情节“舜耕”（古代传说中的舜正在使用大象耕地）放在这个位置。使人一进大门就感到这座名为“舜耕山庄”宾馆的意境，能给人留下深刻的印象。在壁画画面中，作者创造了一个虽在情节上比“舜耕”次要，但在内涵上却比“舜耕”重要的风和舜融为一体的“风图腾”形象（这是大堂休息正中位置），舜是风的化身，图腾就是舜的象征。这就在壁画与大堂环境中心位置上强调了相当分量的内容，既照顾主入口，又联系着大堂中央。在考虑建筑构件时，壁画《舜耕历山》左侧部分有一个通往餐厅的门洞，即壁画墙面中有一个门洞，这是功能的需要。作者把这个门看作是壁画构图的一部分，将门洞稍加处理变化，让风的一只脚踏在门上方，并顺应上方空间来进行构图设计，拍岸浪也拍在门上，使观者不知不觉地将门看成画面的一部分，并没有感到这个门是游离于画面之外的累赘。这个建筑构件的存在与处理，充分说明了壁画的特点：“壁”和“画”融为一体，成为建筑空间环境的有机组成部分，壁画也成为一个不可缺少的“建筑构件”。

再如，山东师范大学中餐厅陶板壁画《踏歌行》（张宏宾先生作，6.3m×2.5m）在侧墙面有一个突出墙面100mm、面宽为800mm的混凝土柱，是一个很不完整的墙面，作者将柱子设计成画面当中的“龙柱”，从三个面满贴陶板与整个壁画浑然一体，不仅装饰了多余的柱面，也符合壁画题材（正月里闹龙灯）的需要，内容一致。

壁画的构图一般采用中国传统的散点透视，即将不同地点、时间、空间的内容有机地结合在一起，成为统一的画面。它既可以是四维的，又可以是五维的，是区别于客观生活形态的，是站在理想化的角度进行构图的，用新的时空观使构图更广阔、理想、自由和浪漫。

张仃先生的大型壁画《哪吒闹海》（首都机场，15m×3.4m），将哪吒出世、斗恶、再生等不同时间和空间的内容统一于一个画面。漆德琰先生主持设计的《蜀国仙山》（氧化铝丙烯，成都火车站，36m×7m）大型铝板画，注重从建筑环境的视角进行构图，散点透视，蜀国风光尽收眼底，构成了气势磅大的统一画面。

壁画构图的大结构层次要呈简练的几何形，这样才能具有极强的装饰感。所谓大结构即构图骨架，几何形有助于形象记忆，并增强了特定的艺术表现力，我们看到的是形象，不是直观的几何形，但它内含着几何形构图骨架，甚至有的就是直观的几何形。

壁画中的人物、景物及道具等，各种形象的基线要水平，这样可以使画面有装饰感、稳定感和统一感，尤其对画面内容众多的壁画更为重要。人物、景物等也多采用基线水平的手法，所谓的基线水平，就是不论画面构图任何形象（人物、景物、道具等）的组团应自身统一到水平基线上。当然，这也不是绝对的，也应有变化，但是，这应是一个基本手法，这样才能维护画面的装饰感、统一感和安定感。

（二）壁画的造型设计

在考虑环境的同时，构图骨架就基本上确定了下来，下一步就是造型与色彩，这是非常关键的，不然就不能称为造型艺术了。造型的主题是最直观、最重要的欣赏点，也最能够体现装饰美、图案美和线条美。壁画的造型设计要强调作者的主观感受，根据主题或形式需要和环境要求及工艺造型给予理想化的加工，一般不写实或不完全写实，其特点是归纳概括，使之有特征性和图案美。所谓归纳、概括、变形、夸张，就是加强或减弱的意思。加强是指属于对象特点的、本质的和内在的成分，使之典型化的加强；减弱是指那些非特点的、非本质的、外在不美的成分减弱。更重要的是要注重对象内在气质的表现。

例如，杜大恺先生设计的巨幅丙烯重彩壁画《唐宫佳丽》（丙烯，80m×3m，西安皇城宾馆），将壁画分为春、夏、秋、冬四个部分，每一个季节都以宫中佳丽的悠闲生活体现出来。春季寻芳，夏季观荷，秋季游猎，冬季赏梅，构思颇为精彩。在艺术表现上，杜大恺先生吸收了唐代工笔重彩人物画的精华，重视传统而又不囿于传统，他笔下的宫廷佳丽，造形简练，简练不等于简单，并不像宫中仕女娥眉丰颇的绮罗人物，而是有着书生气质和普通人的兴致，充满了生活气息，唐代周坊以庸人所好而团之的画风，在杜大恺先生的壁画中却变成了洒脱飘逸，舍弃了宫廷的脂粉气息。充分体现了创作者的深厚修养，表现了时代的精神。再如，林晓的装饰画进行了强烈的夸张变形，整个画面造型控制在浓郁的装饰气氛里。又如，袁运生先生的壁画《生命的赞歌》，看似比较写实，其实也是经过了高度归纳、概括的典型化艺术加工。

壁画的造型设计是把三维的立体形象变为二维的平面形象，在平面的形象中表现出最大的特点和美感，以此成为装饰感的典型造型。在设计时强调正立面和正侧面特征的剪影效果，赛罗夫的《秋》壁画的人物造型就是这样的，中国民间画亦是如此。试举一个简单的例子，画建筑装饰画，最具装饰性和平面效果的莫过于画正立面、画正侧画，不产生透视，只要掌握好人物造型拉长、优美、秀丽，把握好基线水平、近大远小等基本规律把平面展开即可（当然，对建筑物、建筑群如画透视，也应统一、规律化，以带有装饰性）。画建筑、风景及道具亦是如此。

中国传统图案，不管是二方连续、四方连续，还是单独纹样，都是平面展开的（如传统建筑中的宝莲花、牡丹花等）。现代装饰更是如此，用夸张变形的手法，把正立面、正侧面画出来，其造型既不符合解剖，又不符合透视，有违自然科学与生活原型，可是壁画艺术从属于社会科学范畴，她只是以自然科学为基础，来自生活而又高于生活，因而壁画艺术造型设计的规律是夸张、变形、寻其特征和具有装饰风格的，是环境艺术自身的科学，是艺术的科学。

（三）壁画的色彩设计

谈及壁画的构图、造型，则色彩也应是不可忽视的一环，构图、造型和色彩是构成现代壁画的三大要素。构图往往是作品成败的关键，它融合环境，体现构思；造型则是主体，是最直观、最具有装饰性创造气氛、意境的。当你尚未思考构图骨架、品味造型时，往往先被色彩感染。因为色彩在创造室内环境、协调气氛、迅速感染人们的方面，常常超过构图与造型。当然，构图、造型和色彩是三位一体，不可分割的，任何一幅画面中的任何一个局部形象，既体现着构图造型，又体现着一定的色彩关系，也体现着一定的工艺要求，它们各有规律性又有统一的共性环境。

例如，史旋等设计的《海底世界》（24m × 3m）是北京西苑饭店游泳池壁画，壁画的色彩设计不受自然色彩的限制，是理想化的色彩。浩瀚的敦煌莫高窟壁画中，仅用几种矿物质颜料，就概括了大千世界的色彩。寻其规律，分析归纳起来，可以看出壁画色彩设计最重要的是大色调统一。壁画从属于室内特定的环境装饰，与室内外环境是统一的整体。平山郁夫先生设计的横滨国际会议大厅《星空》壁画，日本现代画家东山魁夷先生的风景画，都非常强调大色调统一，他们的作品或深沉，或暖，或冷色调，都有极为鲜明的个性，就像用一种颜料画出来似的，达到了高度的统一。然而在统一的色调中，又有含蓄的、细致的、丰富的变化，看上去有极强的装饰感。

中国民间壁饰如贵州蜡染、木版年画等，虽然色彩大红大绿，但大多用深底色（或白底色）和深色线（或黑、白、金、银、灰）或浅色线来过渡统一、协调一致，在两个不协调的颜色中间，用五种颜色都能协调统一起来。

因而，壁画色彩设计首先要根据室内环境色彩、气氛要求及主题内容先确定一个主色调，这个主色调（也包括其相近色彩、同类色）面积应占总画面70% ～ 80%的比例上，占主导地位，使整个画面都控制在这个色调气氛之下，才能取得大色调的统一。为使大色调统一，也应限制色彩，即用色不宜太多，应配合工艺制作，要简练概括。即使是色彩丰富的画面，从大效果上看画面，第一印象也要给人以简练的感觉。在此前提下包含着细部（渐变、喷绘、过渡等）色彩变化，有含蓄、细致和丰富的色彩。因此，壁画具有简洁、醒目、装饰感强的特点，既醒目突出又耐人寻味。如图3-5-1 ～图3-5-16所示。

图3-5-1　北京西苑酒店游泳池碧水与海洋生物壁画有机地结合在一起

图3-5-2　上海饭店大堂的摹漆壁画映入眼帘，展现着传统工艺美术的品位

(a)

(b)

图3-5-3　上海外滩商店迎门装饰雕塑喻示着顾客是上帝并笑脸相迎，也揭示了商家的用意与品味

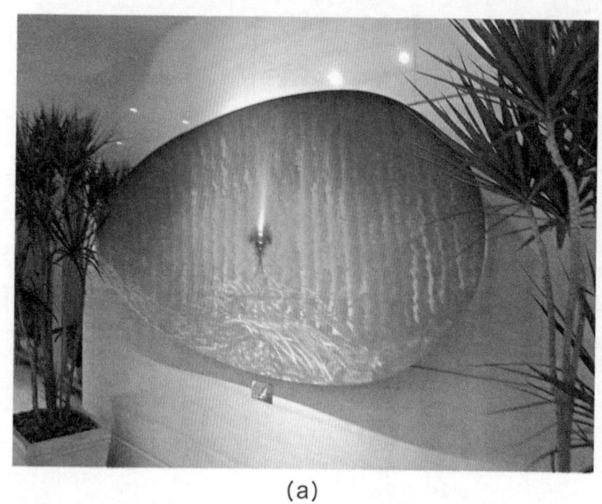

(a)

(b)

图3-5-4　上海威斯汀大酒店西餐厅两入口之间，对应设置玻璃工艺品壁饰

(a)

(b)

图3-5-5　上海威斯汀大酒店西餐厅入口处装饰画壁饰

图3-5-6　日本东京火车站内玻璃镶嵌装饰画壁饰，是自然光映射的效果

图3-5-7　日本上野火车站内陶制装饰壁画，古朴、自然

图3-5-8　上海希尔顿酒店四季厅，浮雕壁画、绿化植物及灯光色彩犹如花乡

图3-5-9　上海科技馆大厅铜腐蚀效果壁画，耐人寻味

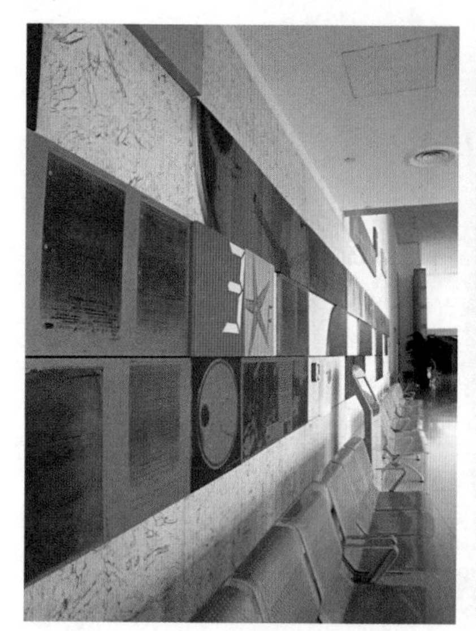

图3-5-10　上海科技馆大厅铜腐蚀效果壁画有机地将导向系统设计其中

图3-5-11　上海威斯汀大酒店电梯出入口雕塑装饰

图3-5-12　上海金茂凯悦酒店商务楼空间雕塑装饰

(a)

(b)

图3-5-13 上海威斯汀大酒店通道出入口雕塑装饰

图3-5-14 上海威斯汀大酒店过厅入口雕塑装饰

图3-5-15 山东力诺办公楼室内地面设计

(a)

(b)

图3-5-16 美国国家美术馆门厅前雕塑，具有厚重的力量感

第六节　室内设计的意境风格

一、当代室内环境艺术设计概论

室内环境设计与建筑设计有着不可分割的关系，室内设计流派在很大程度上与建筑设计流派在美学观点上是一致的，在表现形式和表现手法上也有许多相近之处。尽管如此，由于室内设计是在建筑的内部空间进行的，因此，她更有自己的特点和内容。现代室内设计流派作为近现代的文化思潮的反映，其艺术形态多姿多彩，因而形成很多流派，有新古典主义派、后现代主义派、解构主义派、地方主义派、超现实派、东方情调派，等等，诚然，它们都有各自装饰美的特点，从而体现出不同的文化内涵、意境和风格。

我国现代室内环境设计起步与国际上相比较晚，由于建筑造价的限制，除少数特殊的建筑装饰之外，上档次上水平的室内设计在20世纪80年代改革开放之后才有了较大的变化。现代建筑与传统建筑相比，确实有了极大的改变，室内空间当然也在变化。而且时代改变着社会结构、经济等大环境，现代人的思想、需求、价值标准及美学观都有了很大的变化。室内空间在与现代美学观、设计观相配合。在现代这个转变过渡时期，在室内空间设计上表现中国精神，或者内在精神上、品格上表现中国精神气质，都是一种非常难的设计方法。因为，现代建筑具有现代空间，用现代空间表现出中国传统空间的精神气质，事实上是一种感觉上的问题。再则就是传统表现，从汉唐的雄浑，到明代的朴实典雅，至清代而日趋精细复杂、金碧辉煌，每个时代的表现都有相当大的差异。

由于设计观念及美学观念的改变，家具的表现方式，在中国传统的室内设计空间里和现代室内装饰美的空间里有很大的不同，传统的家具表现方式成套，讲求整齐、对称的配置。表现要求统一和谐，不论在造型、质感和色彩上都要显示和谐安静的美感，潜移默化地得到美的感受。由于受传统的内在影响，中国当代室内设计之美就形成了她自己的装饰风格，大体上可分新古典主义派、地方主义派和现代主义派三大体系。

1. 新古典主义派

在现代结构、材料、技术的建筑室内空间，用传统的空间处理和装饰手法以及陈设艺术手法来进行设计，使中国传统样式的室内装饰美具有明显的时代特征，例如，1959年国庆工程期间，以中央工艺美院奚小彭先生为代表的室内设计师所作的人民大会堂的室内设计、民族文化宫室内设计等都创造了以典雅的中国传统风格为基调的室内空间形象，是运用折中主义手法的新古典主义作品。一九八八年中央工艺美院梁世英、何镇强先生设计完成的北京国贸中心饭店“夏宫”中餐厅以其高雅的色调、空间设计和装饰设计获得成功，是新古典主义的典型作品。

2. 新地方主义派

室内设计师在充分了解建筑所处的地域的自然环境与人文环境状况的基础上进行室内设计，使原有的地方色彩带有鲜明的时代特征。例如，建筑师贝聿铭先生设计的香山饭店，其室内设计具有中国江南园林和民居风格，品味高雅，具有很高的传统文化韵味。广州白天鹅宾馆的建筑室内设计，中厅以“故乡”为主题，设计了金亭耀目、叠石瀑布、折桥平台等，体现了岭南风格庭院的特点，具有鲜明的地方色彩。

3. 现代主义派

中国现代主义派室内设计，在很大程度上汲取了西方现代主义中简洁、洗练的设计风格和表现形式，其质感光影与形体特征的各种手法，结合中国国情和技术、经济条件，因而是带有中国特色的现代主义风格。例如，广州国贸中心大厦，室内装修简洁，以显示高档石材的自然纹理、材质华丽为装饰手法，在室内空间构图上做了进一步的推敲。又如，上海商城，是美国建筑师波特曼的设计作品，入口空间、梯厅、交通厅与休息厅等一层与二层空间连贯通透，形成了共享空间，在色调典雅的现代厅堂内，将覆盖金箔的大型太湖石置于入口对景的显要位置上，配以讲究的照明效果，成为室内视觉中心。两侧的墙面装饰及陈设艺术品虽为中国传统题材，但手法新颖，室内环境的格调高雅、是中国现代主义室内设计的代表作品。

纵观当代室内环境艺术设计之美，可谓变幻万千，丰富多彩，其发展趋势是从传统而来，但并不拘泥于传统，向时代中去，却带有本土文化根基。也许这就是中国当代室内环境艺术设计之美的真谛所在吧。

二、中国传统室内设计特征

1. 空间统一

中国传统建筑是内向和封闭的，城有城墙，宫有宫墙，园有园墙，院有院墙等，几乎所有的建筑都通过墙体而形成一个范围界限。但与此同时，墙内的建筑又是开放的，这些建筑的内部空间都以独特的方式与外部院落空间相联系，形成了内外一体的设计理念。中国传统建筑中常见的内外一体化的设计特点有下面三点。

（1）借景。“巧于因借，精在体宜”。借景是中国造园的一种重要手法，“移步一景”，园林中凡是能触动人的景观，都可以被借用。正如计成在《园冶》中所说：“轩楹高爽，窗户虚邻，纳千顷之汪洋，收四时之烂漫。”借景的方式有多种，如远借、近借、仰借、俯借等。

中国传统建筑的基本特征，对今天的室内设计仍有重要的借鉴意义。它表明，室内设计应该充分重视室内外的联系，尽量地把外部空间、自然景观、阳光乃至空气引入室内，把它们作为室内设计的构成元素。

（2）通透。即内部空间直接面对着庭院、天井。在中国的传统建筑中常常使用隔扇门，它由多个隔扇组成，可开、可闭、可拆卸。开启时，可以引入天然光和自然风；拆卸后，可使室内与室外连成一体，使庭院成为厅堂的延续。更有甚者不用门扇，而直接使用栏杆，这种方式使内外空间更加交融辉映。

（3）过渡。许多房屋都设有回廊或廊道，廊道就是一个过渡空间，它使内外空间的变换更加自然。

2. 布局灵活

中国传统建筑的平面以“开间”为基数，由间成栋，由栋成院落。建筑中的厅、堂、室可以是一间，也可跨几间。厅、堂、室的分隔有封闭的，有通透的，更多的则是隔而不断，互相渗透。如何使简单规格的单座建筑富有不同的个性，在室内设计中，主要依靠灵活多变的空间处理。例如，一座普通的三五间小殿堂，通过不同的处理，可以成为府邸的大门、寺观的主殿、衙署的正堂、园林的轩馆、住宅的居室、兵士的值房等完全不同的建筑。室内空间处理主要依靠灵活的空间分隔，即在整齐的柱网中间用板壁、隔扇（碧纱橱）、帐幔和各种形式的花罩、飞罩、博古架隔出大小不一的空间来，有的还在室内上空增加阁楼、回廊，把空间竖向分隔为多层，再加以不同的装饰和家具陈设，使得建筑的性格更加鲜明。另外，天花、藻井、彩画、匾联、佛龛、壁藏、栅栏、字画、灯具、幡幢、灶鼎等，在室内空间艺术中都起着重要的作用。

（1）隔扇。又称碧纱橱，由数扇组成，上部称格心，下部称裙板，还有用于房屋明间外檐的隔扇门。

（2）隔罩。用隔扇分隔会产生比较封闭的空间，若不需要完全分隔，就用罩来分间。罩是一种比隔扇的空间限定更加模糊的隔断，它灵活、轻盈，既能形成虚划分，丰富空间层次，又能增加环境的装饰性。

（3）屏风。最早用于挡风和遮蔽视线，后来有了观赏意义。它既可以是家具，也可以是空间分隔体，是中国传统建筑中独有的设计要素。由于屏风便于搬动，可以使空间限定更加灵活、多变。

（4）帷幕。早在《周礼·天宫》中，就有幕人“掌帷、幕、幄、峦、绶”的记载。可见，以纺织品作为空间的分隔物具有久远的历史。纺织品颜色丰富，图案多样、纹理、质地各不相同，易开、易合、易收、易放，用它分隔空间，既有灵活性又有装饰性，具有独特的魅力。

3. 构件装饰

中国传统建筑以木结构为主要体系，在满足结构要求的前提下，几乎对所有构件都进行了艺术加工，以达到既不损害功能又具装饰价值的目的。例如撑弓，原本只是用于支撑檐口的短木，但逐渐加入线刻、平雕、浅浮雕、高浮雕、圆雕、透雕来装饰，造型也变得更加丰富。又如柱础（柱脚下垫的石头），在满足基本的防潮功能的前提下，人们不断对它进行艺术加工：唐代喜欢在柱础上雕莲瓣；宋、辽、金、元时，除使用莲瓣外，还使用石榴、牡丹、云纹、水纹等纹样；到了明清，不仅纹样多变，柱础的形状也有了变化，除了圆形，还有六角的、八角的、正方的，等等。

另外，还有隔扇，由于中国早期没有玻璃，只能裱宣纸或裱织物，隔芯就需要密一些，于是人们对隔芯进行艺术加工，产生了灯笼框、步步锦等多种美观的形式。

上述几例，可以充分表明，在中国传统建筑中，装修装饰无不体现着艺术美感、功能与技术统一的原则。只是到了后期（例如清代），斗栱等构件才变得越来越繁琐，以致其中的一部分成为毫无功能意义的琐碎的装饰。

4. 陈设多样

室内空间的内含物涉及多种艺术门类，是一个包括家具、绘画、雕刻、书法、日用品、工艺品在内的“艺术陈列馆”，其中书法、国画、盆景和各种民间工艺品，都具有浓厚的民族特色。

用字画装饰室内的方法很多，常见的有悬挂字画和屏刻等。在传统建筑中还有在厅、堂悬挂匾额，内容往往为堂号、室名、姓氏、祖风、成语或典故等，对联有当门、抱柱、补壁。

中国的民间工艺品数不胜数，福建的漆器、广西的蜡染、湖南的竹编、陕西的剪纸、潍坊的风筝、庆阳的香包等，无一不是室内环境设计的装饰物品。

综观中国传统建筑的室内陈设艺术，可以看出以下两点：一是重视陈设的作用，在一般建筑中，地面、墙面、顶棚的装修做法是比较简单的，但就是在这种装修相对简单的建筑中，人们总是想方设法用丰富的陈设和多彩的装饰美化自己的环境，陕西窑洞中的窗花，牧人帐篷中的挂毯，北方民居中的年画等都可说明；二是重视陈设的文化内涵和特色，例如，字画、奇石、盆景等，不仅具有美化空间的作用，更有中国传统文化的内涵，是人们审美心理、人文精神的表现，包含着丰富的理想、愿望和情感。

5. 图案象征

象征是中国传统艺术中应用较广泛的一种艺术手段，所谓象征，就是“通过某一特定的具体形象以表现与之相似的或接近的概念、思想和情感”。就室内装饰而言，是用直观的形象表达抽象的情感，达到因物喻志、托物寄情、感物抒怀的目的。

在中国传统建筑室内装饰中，表达象征的手法主要有以下几种。

（1）形声。即利用谐音，使物与音义相应和，表达吉祥、幸福的内容。如：金玉（鱼）满堂的图案为鱼缸和金鱼，富贵（桂）平（瓶）安的图案为桂花和花瓶，万事（柿）如意的万字、柿子、如意，必（笔）定（锭）如意的毛笔、一锭墨、如意，喜（鹊）上眉（梅）梢的图案为喜鹊、梅花，五福（蝙蝠）捧寿的图案为五只蝙蝠和蟠桃等。

（2）形意。即利用直观的形象表示延伸了的而并非形象本身的内容。在中国传统建筑中，有三大彩画（和玺彩画、旋子彩画和苏式彩画），它以建筑级别的不同而有区别。还有以梅、兰、竹、菊，金石玉器为题材的绘画或雕刻。

古诗云："未曾出土先有节，纵凌云处也虚心"。自古以来，人们已把竹的"有节"和"空心"这一生态特征与人品的"气节"和"虚心"作了异质同构的关联。除上述梅、兰、竹、菊之外，还常用石榴、葫芦、葡萄、莲蓬寓意多子，如葫芦或石榴或葡萄加上缠枝绕叶，表现"子孙万代"；用桃、龟、松、鹤寓意长寿；用鸳鸯、双燕、并蒂莲寓意夫妻恩爱；用牡丹寓意富贵；用龙、凤寓意吉祥等。

(3) 符号。符号在思维上也蕴含着象征的意义。在室内装饰中，这类符号大多已经与现实生活中的原形相脱离，而逐渐形成了一种约定俗成、为大众理解熟悉的要素。这类符号有方胜、宝珠、古钱、玉磬、犀角、银锭、珊瑚和如意，共称"八宝"，均有吉祥之意。方胜有双鱼相交之状，有生命不息的含意；古钱又称双钱，常与蝙蝠，寿桃等配合使用，取"福寿双全"的意义，人们总是向往万事如意，"如意"的图案便大量用于门窗、隔扇和家具上。

三、从传统而来，向时代中去

环境艺术设计研究领域非常广泛，其中包括设计美学、创作风格等问题。我国传统建筑的室内设计，是人类创造历史的见证，每个国家、地区和民族的建筑，在室内环境艺术方面都有自己的风格个性和辉煌成就。然而，它只代表过去的辉煌。因此，设计师今天的责任，就是研究如何继承和创新问题，这是每个建筑师、艺术家责无旁贷的。

中国现代室内环境艺术设计，当然不能走外国的、过去的老路，只能走中国现代自己的道路，要立足于我们自己的基础之上进行实践。这是一个从传统而来，向时代中去，一个继承过去，融入外来，走向未来的历史过程。社会生产力的不断发展，已从机械的工业时代进入电子时代，科学技术的进步，人类生产力的解放，人们的视野也被直观地从世界、广延、深入到原子微观和宇宙宏观上了。我们要从生产力发展变化这个本质来界定质变之后的历史现象、技术现象和环境艺术现象。当然，我们的继承显然是更多地研究其新质形成前后的质变演化过程，这就要求我们对传统继承的求索应更多地着重于生产力变革后的物质技术基础和生活基础，这是我们继承的落脚点。

就本质讲，一切继承都是为了现代，都是为了创新，因而继承只有植根于本民族的土壤之中，才能有生机。可以说艺术的继承，也必须在把握生产力性质的前提下继承，即有科学基础。另外，还需要从纵深方面去剖析社会、时代、历史与自我。中华民族五千年的古老文明为世界积累了创造人类生活环境的丰富经验，是民族文化遗产中极珍贵的一部分，我们应认真地发掘、继承和发扬，要保护和发展社会遗产，为社会创造新的形式并保持文化发展的连续性，科学地运用传统的创作思想来启发建筑室内环境艺术设计的构思。

然而，任何创作都必须落到每一个具体时空中，都必须在一定的条件下展开，不管是土生土长的还是移植而来的，都要有根基并适应环境。这一客观前提就决定了室内设计必须扎根于生活之中，如思想、精神，它对风格的形成起很大的作用。著名建筑师黑川纪章说过："如果我们今天照搬过去的是一种建筑语言（风格），自然就是复古，如果套用其中的构件，就会使现代建筑产生不协调、不伦不类的情况。但是如果我们对一种语言（风格）进行深入地分析研究，选取其中有特色的言语（构件），再运用现代方式对之进行抽象、提高和再创造。这样搞出来的东西，就不是复古，而是尖端"。的确，我们现在某些室内环境设计，一味模仿追求，国内不乏其例，这似乎是中国风格、民族特色。其实，不能简单地以此为模式，而忘记了时代精神。所谓传统风格，是时代的传统风格，作为时代缩影的建筑室内环境文化内涵，要体现本民族最具创造力的时代风格与科学技术。

就我国室内环境设计发展看，我们认为首先应忠实于本土文化，这一客观前提就决定了建筑室内设计师必须忠实于地方、民间的传统文化，它应成为建筑室内设计风格、空间构成中种种内容的具体表现。诚然，世界先进文化正是各民族优秀文化的总和，学习国外先进设计，对我们来说是很有益处的。但是，一味套用"西洋"所谓"国际式"的则非常不好，应对此先进成就的方法与道路很好地研究。这才是创作实践中的主动借鉴，善于接受新思潮而又不丧失自己，保持本民族的独特风格，“越是中国的，就越是现代的”，王朝闻先生如此说。这说明我们要透过树木，看见森林，以独创精神而立于世界之林，传统风格既有现代化的高科技，又有传统浓厚的人情味，彼此并存、和谐统一。很明显，它们能随时代、技术手段的变化而变化，根据不同的具体环境，采取传统与现代靠拢的方法，互为补充，力求把它们都融入自己的作品中去。贝聿铭先生设计的香山饭店，室内用提炼概括的手法，表现了中国民族文化的内在含义，其设计思想源于传统文化，却无迂腐老朽之嫌，充分显示了东方建筑屹立于当今世界文化之林的强大根基。他的作品，从哲理思想和形态要素两个方向，在解决传统与现代的关系上，开辟了独具特色的道路。

事实证明，从传统而来，首先是要重视和理解建筑室内环境艺术的文化价值和精神价值。探析到中国传统文化的脉搏，挖掘出传统建筑室内设计艺术的时间和空间内涵，从而发展传统，体现时代特征。向时代中去，就是要符合当今的时代要求，面向未来并超越自我，运用现代建筑室内设计语言，采用现代工程技术和材料。在强调时代要求的基础上，创造新的建筑室内设计风格和新的设计语言。如图3-6-1 ～图3-6-30所示。

四、风格流派

图3-6-1 中国传统室内设计的堂屋

图3-6-2 中国传统室内设计“隔罩”之美

(a)

(b)

图3-6-3 中国传统室内设计的隔罩

图 3-6-4　中国传统室内设计隔断之美

图 3-6-5　中国传统室内设计隔墙之美

图 3-6-6　中国传统室内设计的窗饰、门饰

图 3-6-7　山东舜和商务酒店总台传统图案装饰的运用

图 3-6-8　世界博览会中国馆

图3-6-9　北京国际贸易大厦夏宫过厅

图3-6-10　具有东方建筑装饰构件元素的会客厅

图3-6-11　具有西方建筑装饰构件元素的多功能厅

图3-6-12　日本MIHO美秀美术馆景窗和内景

图3-6-13　中国苏州博物馆入口门饰图案

图3-6-14　中国苏州博物馆天窗装饰

图3-6-15　上海波特曼酒店过渡空间的中国符号

图3-6-16　阿拉伯迪拜沙滩宾馆海底餐厅

图3-6-17　阿拉伯迪拜沙滩宾馆自助餐厅

图3-6-18　美国德州家具陈列室，后现代风格

图3-6-19　具有巴洛克艺术风格的室内装饰

图3-6-20　奥地利旅游局办公室寓意使人联想起希腊和罗马

图3-6-21　法国阿拉伯研究中心

图3-6-22　家具陈列室与现代空间联系在一起

(a)

(b)

图3-6-23　极具现代风格意义的室内楼梯构造

图3-6-24　极具现代空间风格意义的室内空间

图3-6-25　加拿大蒙特利尔建筑艺术展示中心“人工挖掘的城市”

图3-6-26　意大利当代家具博物馆，具有孟菲斯创造室内空间的精神

图3-6-27 超现实主义风格的城市展厅

图3-6-28 阿布扎比卢浮宫博物馆

图3-6-29 阿布扎比卢浮宫博物馆1

图3-6-30 阿布扎比卢浮宫博物馆2

⊙本章要点、思考和练习题

本章分别从空间形态塑造、视觉层次、材料构造、光照色彩、意境风格等六个方面进行基础创意设计，探索室内设计创意的方法，着重论述了空间艺术设计的整体性和艺术性思维模式，从而掌握室内环境艺术设计。

1. 室内空间创意的六大要点是什么？
2. 如何理解“以人为主，物为人用”？
3. 如何理解“以物质为其用，以精神为其本”？
4. 认识、熟知当代室内设计风格与流派。
5. 认识、理解当代室内设计地域特色、文化内涵的表现。
6. 对于“从传统而来，向时代中去”的设计思想的理解。

室内家具与灯具

第一节 家具与家具设计

一、家具的材料与分类

家具既是生活器具又是艺术作品，以满足人类的基本活动功能需求和精神享受。家具通过形式和尺度的变化，在室内空间和个人之间形成一种过渡，在人类工作和活动中将室内空间变得适宜于人们的生活。由于人类活动特点的变化，从而决定了家具可以显示特定的功能变化和使用特点。家具表现出两大功效，一是使用功能，二是装饰功能。使用功能决定了家具的结构、比例和尺度，装饰功能决定了家具的造型、材质和色彩。由此可知，家具的设计会直接影响室内空间的气氛。

（一）家具的材料

家具用材料分为两大类：一是自然材料，二是经过人工加工生产出来的复合材料。在选择用材时，要注意材料的本身特征，如其光泽、质地、色彩、纹理等特点。家具材料的运用，一方面必须遵守必然的理性原则；另一方面还必须重视感性意识。也就是说，客观正确地把握材料特性去寻求有效的功能答案，是属于必然的理性原则；匠心独运灵巧地发挥材料特色，用完美的形式表现属于感性问题。在家具设计时，设计师不但要对材料有充分的认识和足够的经验，以驾驭材料的物质效果，还要具备将物质成分材料发挥为精神表现的能力，这样就必须进一步凭借对材料的敏锐感受力和丰富创造力，设法将死的材料转变为活的创造，将相对有限的材料运用为无限的表现。

1. 自然材料

自然材料在家具设计中，是采用自然材料为基本素材进行家具设计的方式。即大部分采用自然材料，少部分采用人工材料。对于采用的人工材料，还必须要以具有自然感觉的材料为原则。凡是以表现自然材料特色为主而搭配其他人工材料为辅，不影响或者有助于自然材料性格的表现，皆可称为自然材料的家具设计。

2. 人工材料

人工材料在家具设计时，是一种采用人工材料为基本素材进行家具设计的方式。人工材料的种类很多，但可分为两种类型：一是采用自然材料为基材所加工的人工材料，如金属材、玻璃、人造板材等；二是机械性或合成性的人工材料，如塑料、纺织品等。由于人工材料是按照人的意志进行的加工生产，所以其品种规格多样、色彩丰富，具有灵活性，造型的可能性亦更为自由而具变化，因而使作业上非常便利而富于选择性。人工材料比自然材料更适于家具设计的实际需要，对于功能和形式方面的要求，皆易达到。

家具材料种类繁多，虽然天然材料和人工材料都可以充分发挥各自的特殊品质以满足设计效果，但在实际应用上多按照实际需要，分别采取适宜的自然材料和人工材料作综合的处理，这样，可以发挥各自的特长。

家具制作需要多种材料才能完成，除了主体材料外，尚有很多其他材料，包括次要材料、辅助材料和装饰材料。

家具次要材料有石材和玻璃。石材是一种坚硬耐久的自然材料，色彩沉着丰厚，肌理粗犷结实，具有雄浑的刚性美感。在室外多用花岗石作休息用家具，在室内可配合室内设计制作桌和茶几，多数是用作桌几面。玻璃是一种透明性的人工材料，普通玻璃用于橱柜门，厚的玻璃用于搁板，强化玻璃则可做桌几面板，可产生活泼生动、通透的环境气氛。

家具的辅助材料是指协助家具零部件接合安装的材料，有胶料、各种类型的五金器件，如铰链、门锁、门扣、接手、脚轮、滑道、搁板安装支架以及各种连接紧固件等，除金属材料外尚有塑料制品。

家具的装饰材料是美化家具饰面的，使用最多的材料是油漆和织物。油漆有透明的、不透明的、有亮光和亚光之分，色彩多样，性能不一。织物是软性的面状材料，应用在与人体直接接触部位，织物的材料质地、色彩、图案纹样很多，可任意选用。另外，带有图案的瓷片，具有美丽矿脉图案的大理石也是家具装饰材料经常选用的对象。

3. 材料质感

材料质感又称材质，是指材料本身的特殊属性与人为加工方式所共同表现在物体表面的感觉。质感主要是由触觉所引起的，但在生活中却经常是由视觉获得由触觉转移的经验，甚至仅凭视觉也能感知材料不同的质感。材料质感可以增进人们生活的实用价值，有助于满足功能目标，又可增加美学表现效果，关系着形式价值。任何材料皆有与众不同的特殊质感，尤其是自然材料，几乎没有完全一致的质感。而人工材料质感则显得单调呆板，无论其属性如何优异，在质感上都很难取代自然材料。材料的质感综合表现在其特有的色彩、光泽、形态、纹理、粗细、软硬、冷暖和透明度等众多因素上。材料质感还可以归纳成粗糙与光滑、粗犷与细腻、浑厚与单薄、沉重与轻巧、刚劲与柔和、坚硬与柔软，干涩与滑润、温暖与寒冷、华丽与朴素以及透明与不透明等基本感觉类型。

材料质感的运用并不是孤立的，不仅要把握材质本身的特性，而且还要配合光线、色彩和造型等视觉条件，综合应用。本身的条件固然非常重要，但在有效的光线强调、适宜的色彩烘托和恰当的造型配合下才会使材质的表现获得更佳效果。同时，多种不同材质的组合要注意整体的效果，从统一中求变化，在和谐中求对比，符合造型规律才能取得最佳效果。

材料的质感还取决于人为的加工方式，家具产品在生产过程中的质感表现包括加工工艺和装饰工艺两种。加工工艺是造型得以实现的手段，装饰工艺则是完美造型的条件。在整个生产过程中工艺是生产加工艺术与技巧的综合，二者之间必须互相结合。材料加工方法会直接影响材料质感，凡剖切、打磨、刻划、镌琢、敲击和型压等技法，皆足以使材料本色掺入工具与技巧的趣味以及智慧与构思的韵致。由于材料组织和加工方法的不同，使构件产生轻重、软硬、冷暖、反射等不同感觉，从而直接影响家具外观。也就是说，家具在生产过程中，每一工序都将产生不同效果的理性美。如车削加工有精细、严密、旋转纹理特点；铣磨加工具有均匀、平顺、光洁的特点；模塑工艺有挺拔、规划、严整、圆润的特点。板材成型有棱有圆，曲直匀称，面层光洁。铝材经过表面处理也将得到不同色彩及质感。其他如油漆、氧化着色、塑料处理等工艺均具有各种不同工艺美的特征。从这个角度来看，无论材料本身的条件如何，皆必须重视人工处理的方法。具有珍贵质感的材料固然有赖于适宜技法以显示价值，感觉平凡的一般材料也可通过灵巧处理而取得优良质地。

（二）家具的分类

1. 实木家具

天然木材经过锯、刨等切削加工，采用各种榫接合形成框架，柱腿之间用望板或横撑连接，再安装座板靠背或嵌板形成多种式样的家具。

木材是一种质地精良、感觉优美的自然材料，是古今中外沿用最久的家具材料。木材质地坚硬、精致、韧性好，且易于加工，便于维修，使用简单工具就可以进行锯、刨、钻、旋、雕刻和弯曲；木材纹理精美细腻色泽温暖，不仅利于塑形而且适宜雕刻。特别是纹理结构变化多样，利用旋切、径切和弦切等加工技术，可截取各种纹理，形式有细密均匀的，粗直不规则的，也有旋形、纹形、浪形、瘤形、斑形、雀眼形等组织，经过表面油漆处理，具有润泽光洁之感，能产生丰富的肌理变化。另外，利用木材的弹性原理，把所要弯曲的实木，通过模型和夹具加热加压，使其弯曲成型后制成家具。这种方法抛弃多余的装饰令外形纯朴，所形成的流畅线条，增加了家具的轻快感，具有视觉柔和特点，是美观与材料、结构有机结合的范例。

适用于家具制作的木材有三类：一是贵重木材，有桃花心木、胡桃木、橡木、枫木、柚木、红木、黑檀、花梨木、鸡翅木等；二是硬质木材，主要有水曲柳、榆木、桦木、色木、柞木、麻栎、楸木、黄婆罗等；三是软质木材，有松木、椴木、杉木等。木材可以加工成方材、板材和薄木，也可制成胶合板、刨花板、纤维板、细木工板、空心板等人造板材。传统家具用实木制造，现代家具多用人造板材与金属相结合进行生产。制作实木家具常用的实木板材有以下四种：薄板，厚度在18mm以下；中板，厚度为19～35mm；厚板，厚度为36～65mm；特厚板，厚度在66mm以上。

（1）实木家具的接合方法

实木家具是由许多不同形状的零部件通过一定的接合方式构成的。接合方法有榫接合、胶接合、木螺钉接合、金属连接件接合等，采用不同的接合方法，对于制品的美观和强度，加工过程以及成本等均有不同影响。其中以榫接合为上，基本类型有三种，即直角榫、燕尾榫、插入圆榫。按榫头的数目来分，有单榫、双榫和多榫。接合的形式有贯通的暗榫，以榫头侧面看到和看不到来分，有开口榫和闭口榫，也可做成介于二者之间的半闭口榫。

（2）木构件接合类型

1）拼板。拼板是将小块木板接合成所需板材，接合方法有胶拼平接、裁口、插榫、槽榫、穿带等方法。为防止拼板边缘损坏，以增加美观，可对端部及周边进行薄片贴边、木条嵌边及木框嵌板等加工处理。

2）直材接合。直材接合是将两根顺木纹方材胶合在一起，为提高强度，接合处常被加工成不同形状，方法有斜面接合、榫接合、木条接合等，常用斜面及齿榫接合，可增加胶接面。

3）框架接合。框架是构成家具的主体，按结构部位可分为框角接合、中档接合、嵌板接合、圆形框架接合。接合方法有榫接合、胶接合、金属件接合等。

框角接合有三种形式，一是直角接合，接合缝隙为直线，方材一端露在外面；二是斜角接合，将两根方材端部切成45度斜面后，再进行接合，结合缝处为斜面，这样可遮盖不易加工的方材端部，使装配后的纹理都是好看的；三是综角接合，除平面角接合外，尚有垂直的角接合，常用在腿部与望板之间，除了起着连接的作用外，往往还有装饰作用。中档结合用于框架中部，起着支撑分割的作用。

嵌板接合是在木框中装入薄板，做法有三种：一是将薄板装入木框凹槽中，此为装板法；二是嵌板法，将薄板嵌装在木框的榫槽内；三是压线法，在嵌板与木框接合处钉上木线，一方面遮挡周边缝隙，另一方面也起一种装饰作用。

圆形框架接合有两种形式：一是框架转角处的接合呈圆形的圆角接合，二是圆形框架上的曲线接合。

4）板壁接合。板壁接合是指板材与板材、板材与方材间的接合，可组成箱柜类家具。按接合部位可分为板壁角接合、板壁中部接合。角接合主要用在箱框的构件接合上，从外形上看有直角和斜角接合。圆角接合。中部接合有两种，作隔板用的是板与板壁接合，既可作为隔板，也可增加框架的强度；另一种是加强框架稳定的方材与板壁的接合。

(3) 实木家具的基本构件

1) 支腿与柱。支腿与柱是所有家具不可缺少的基本构件，在设计上占有很重要的地位，是辨认与决定家具类型，形成其风格特点的构件之一。由于木材有可塑性的特点，可做成不同形状和断面，又适于刨削雕刻，所以应用最多，在不同的历史时期形成了多种式样。

2) 抽屉与拉手。抽屉是贮藏类家具常见的一个构件，用途广泛，使用量大。主要功能是存放小件物品，由面板、两侧板、背板和底板组成。安装的形式有三种，即常用的底边滑道，侧边滑道和中心滑道。根据使用要求可配置一个或数个不等，可对称布置，也可均衡布置，或重叠布置。在排列上分为平面抽屉，搭框抽屉及遮框抽屉。面板形式的变化可根据整体比例及式样来决定。

拉手是安装在抽屉及柜门上的构件，除了满足功能使用外，还起着装饰作用。古今中外对拉手式样都非常重视，常常制成种种图案，现代拉手很多都是由专门工厂生产，式样的选用要根据家具总体而定。安装方法根据材料而定，一般是在背面加螺丝牢固。

3) 柜门。在柜类、桌类家具中，凡有贮藏存放功能的，均装有门，其作用是封闭柜内空间，但外观也必须美观悦目。有实木板门、嵌板门、玻璃门及可通风的百叶门。按开启方式可分为平开门、推拉门、翻板门、卷帘门、折叠门、上翻门及桌面两用门等。这些门各有其功能特点，推拉门是常用的一种，具有较好的防灰尘渗入功能，开启方便又不占空间。翻板门放下后可做小桌面用。卷帘门则适用带曲线柜门的安装，应用最为广泛的则是平开门。

平开门按使用材料区分，有实板门、嵌板门、嵌玻璃门。实板门用实板来制作，许多是用人造板，有些中间是空的，可减轻重量，表面光洁挺拔，是现代家具的常用做法。嵌板门属造型变化较大的一种，结构整体性强、抗形弯、易于装饰，无论是在欧洲古典家具或中国古代家具中都运用广泛。嵌玻璃门适用陈列家具，解决了木制门不透明的感觉，门框可采用感性设计手法，以纵横和直曲线组成不同式样图案，丰富整体造型。也有些木框玻璃门常以镜子代替玻璃，如衣柜上的穿衣镜子，既是门又是镜子，家具的门扇除了构成自身的零件外，尚须配备与整体相协调的供安装、开启、固定等的零配件。常用的有铰链、拉手、碰头、插销、门锁等，安装方法很多，要根据实际情况选择适合的材料和构造方式。

2. 复合板家具

家具的材料主要采用人造板材料，有效地提高木材利用率，并且有幅面大、质地均匀、变形小、强度大，便于二次加工、切割便捷等优点，现已成为制造家具的重要材料。

(1) 复合板式家具

此类家具是指采用刨花板、中（高）密度板和细木工板等做基层，表面热压防火板、三聚氰胺板或天然真木皮等表面装饰材料，经切割、封边、钻眼，再通过金属连接件将其组合而成的家具。板式家具常用的基材有胶合板、刨花板、密度板、纤维板、细木工板、空心板等多种人造板。

刨花板又称料板，是利用木材的下脚料、木屑片和锯末用胶拌和在热压下制成的机制薄板。它的强度、耐热度取决于使用的结合剂和工艺过程，刨花板没有方向纹理，在正常情况下它不会收缩、变形，制作家具时尚须贴附装饰面，不适于高档家具。

中（高）密度板：是利用木材的下脚料锯末为主要原材料，经胶拌、热压制成的机制薄板，再在表面贴装饰面板，以此形成的新型装饰板。

细木工板为拼板结构的板材，板芯是用一定规格的小木条排列而成，面层胶合单板，具有坚固、耐用、板面平整、不易变形等优点，适用家具面板、门板，组合柜板等中高级家具制造。

纤维板是利用木材加工剩余物或其他禾木植物秸秆为原料，经过削皮、制装、成型、干燥和热压而制成的人造板。分硬质、半硬质和软质三种，用于家具生产的多数为硬质纤维板，广泛应用在柜类家具的背板、顶板、底板、抽屉底板、隔板等衬里的板状部件。

空心板是两薄板之间加以小木条龙骨，形成空心的板材；也有以六角形纸质蜂窝状的空格，经浸渍树脂塑造化后作为芯层的，称为蜂窝空心板。空心板重量轻，具有一定的强度，是家具良好的轻质状材料，可用于桌面板、柜子的侧板、门板等。

集成木板又称接插木板，是利用木材的板条木料，用胶粘接头经热压烘干制成的机制薄板。它的强度、耐热度取决于使用的结合剂和工艺过程，在正常情况下它不会收缩、变形，制作家具时也可贴附装饰面，适用于高档家具。

复合人造板材在制作家具时，板面及周边都要经过漆饰或胶贴薄木、塑料贴面板等装饰处理，板的周边尚可嵌木条或花线。充分利用外装饰材料的特点，可以取得多种多样的美观效果。

板壁的构件结合。板材是箱柜等贮藏家具的主要构件，板壁构件接合有两种类型，一是固定的榫接合，二是可拆装的铁金属构件接合。金属构件接合从部位来区分，有角接合、丁字接合、十字接合。从金属构件式样来说，有螺栓构件接合、偏心轮构件接合、板外附加构件接合。柜中隔板安装应与板壁结构一致，如采用固定式榫接合板壁同时用榫接合一次加工完毕。

（2）胶合板家具

以胶合板为基层，表面贴装饰面板而制作的家具。

胶合板：用三层或多层（奇数）的单板纵横胶合而成，幅面大而平整，不干裂，不翘曲，适用于大面积板状构件。品种很多，有三层、五层等普通胶合板，有厚度在12mm以上的厚胶合板，还有贴面的装饰胶合板。

1）模压胶合板家具。模压胶合板家具也称弯曲胶合板家具，其含义是将胶合板经过热压成型后制成的家具。常用的构件是椅子，利用胶合板制成各种适合人体曲度的椅背或座板，也可以将椅背和坐板联合为一体，作为钢管椅子的板型构件，使钢管椅子在材料效果与质感对比的应用上更加丰富，扩大椅子造型手段，强调造型与工业生产相结合的特点。由于胶合板制造及其弯曲技术的发展与运用，使木材的特性在功能、结构和美观有机结合的手法下，得到了令人满意的轻快感。由于模压胶合板具有重量轻、适合机械化大量生产，所以常用在多功能会议厅大厅、学校中的课桌椅以及大型公共建筑中。

2）多层胶合弯曲木家具。多层胶合弯曲木家具是在胶和板和弯曲木工艺技术基础上发展起来的，将多层薄木胶合热压成脚腿及扶手等承重构件，代替方材构件而组成的家具，它与模压胶合板椅座结合，共同构成纯胶合板组成的椅子，显示出现代技术特点，其优点是完全是工业化生产，强度大，可塑性强，能弯曲成各种形状，转角曲度较小，弧形多样，从而使外形线条挺拔而又有丰富的变化。

3. 竹藤家具

竹藤材和木材一样同属于自然材料，具有天然的质感和色泽，不仅便于弯曲加工，又可割成皮条编织，制成的家具造型轻巧且具自然美，这是其他材料家具所不及的。

（1）竹家具

竹材是我国的特产，在黄河以南地区均可以看到民间普遍使用竹材家具。竹材中空，长管状，有显著的节，挺拔，色黄绿，日久呈黄色，制成的家具光华宜人，既有一种清凉、潇洒、简雅之意，又有粗壮豪放之感。

竹材有它的共性，但每一种材质又有不同特点，家具对竹材的选用应根据使用部位的性能要求而定。骨架用材要求质地坚硬，颈直不弯，一般要力学性能好的竹材。而编织用材则要求质地坚韧、柔软、竹壁较薄竹节较长、篾性好的中径竹材。

竹材种类很多，适用家具制作的主要有下列几种：刚竹，竹竿质地细密，坚硬而脆，竹竿直劈性差，适用制作大件家具的骨架材料；毛竹，材质坚硬、强韧，劈篾性能良好，可劈成竹条用作家具骨架，十分结实耐用；桂竹，竹竿粗大、坚硬，篾性也好，是家具优良竹种；黄若竹，韧性大，易劈篾，可整材使用作竹家具；石竹，竹壁厚，杆环隆起，不易劈篾，宜整材使用，作柱腿最好，结实耐用；淡竹，竹竿均匀细长，篾性好，色泽优美，整杆使用和劈篾使用都可，是制作家具的优良竹材；水竹，竹竿端直，质地坚韧，力学性能及劈篾性能都好，是竹家具及编织生产中较常用的竹材；慈竹，壁薄柔软，力学强度差，但劈篾性能极好，是竹编的优良材料。

(2) 藤家具

藤材盛产于热带和亚热带，分布于我国广东、台湾以及印度、东南亚及非洲等地。藤材为实心体，成蔓杆状，有不甚显著的节。表皮光滑，质地坚韧，富于弹性，便于弯曲，易于割裂，富有温柔淡雅之感，偏于暖调的效果。在家具设计上应用范围很广，仅次于木材。它不但可以单独使用制造家具，而且还可以与木材、竹材、金属配合使用，发挥各自材料的特长，制成各种式样的家具。在竹家具中又可作为辅助材料，用于骨架着力部件的缠接及板面竹条的穿连。特别是藤条、芯藤、皮藤等可以进行各种式样图案的编织，用于靠背、坐面以及橱柜的围护部位等，是一种优良的柔软材料及板材材料。藤家具构成方法有多种，由于是手工制作，可形成多种式样，其特点是纤细而富于变化，这与新材料构成的简洁、概括的现代家具造型形成了鲜明对比。

(3) 竹藤家具构造

竹藤材虽然是两种不同材种，但在材质上却有许多共同的特性，在加工和构造上有许多是相同的，而且还可以互相配合使用。基本上可分为骨架和面层两部分。

1) 骨架部分。多采用竹竿和粗藤杆作为骨架主材，构成有三种类型，一是全部用竹材构成；二是竹藤材混合组成，可以充分利用各自材料特点，便于加工；三是在金属框架上编织坐面和靠背。竹藤骨架接合基本方法有下列三种。① 弯接法。材料弯曲有两种方法，一是用于弯曲半径小的火烤法，另一是适用半径较大的锯口弯法。② 缠接法。竹藤家具中最普遍使用的一种方法，在连接点用皮藤缠接，竹制框架应先在被连接件上打孔。藤制框架先用钉钉牢，再用皮藤缠接，按部位有三种接法：一是用于两根或多根杆件之间的缠接；二是用于两根杆件作互相垂直方向的一种缠接；三是中段缠接，用在两杆件近于水平方向的一种中段缠接法。此外，在构件上尚有装饰性的缠接。③插接法是竹家具独有的接合方法，用在两个竹竿接合，在较大的竹管上挖一个孔，然后将适当较小竹管插入，用竹钉锁牢，也可以用板与板条进行穿插。

2) 面层部分。竹藤家具的面层，除某些品种（如桌、几面板）用木板、玻璃等材料外，大部分用竹片、竹排、竹篾、藤条、芯藤、皮藤等编织而成。

编织方法有下面三种。① 单独编织法，用藤条编织成结扣和单独图案，结扣是用来连接构件的，图案编织则用在不受力的编织面上。② 连续编织法，连续编织法是一种用四方连续构图方法编织组成的平面，用在椅凳靠背、坐面及橱柜的围护结构部分。采用皮藤、竹篾、藤条编织称为扁平材编织，采用圆形材编织称为圆材编织。另外还有一种穿结法编织，用藤条或芯条在框架上作垂直方形或菱形排列，并在框架杆件连接处用皮藤缠接，然后再以小规格的材料在适当间距作各种图案形穿结。③ 图案纹样编织法：用圆形构成各种形状和图案，安装在家具上，种类形式较多，除满足装饰外，还起着受力构件的支撑辅助作用。

4. 金属家具

金属为现代家具的重要材料，用在家具主框架及接合零部件，它具有很多优越性，例如质地坚韧、张力强大、防火防腐等。熔化后可借助模具铸造，固态时则可以通过辊轧、压轧、锤击、弯折、切割、冲压和车旋等机械加工方式制造各类构件，可满足家具多种功能的使用要求，适宜塑造灵巧优美的造型，更能充分显示现代家具的特色，加之能防火易生产，成为推广最快的现代家具之一。目前家具市场常见的金属家具有钢管家具、全钢家具和铝合金家具等类型。金属家具与木材结合又会形成钢木家具。

(1) 金属构件制作的基本方法。金属构件在家具中主要起支撑和连接作用，由于金属给人的感觉是冷和硬，所以凡是与人体经常接触的部位，是不能使用金属构件的。构件加工制作有三种基本方法。

1）铸造法。铸造法适用铁、铜、铝等金属。铸铁构件用在桌椅腿部支架、连接件等部位，如影剧院、会议厅、阶梯教室的桌椅支架，办公用椅的基部可转动的支架，医疗器械家具的主框架，特别是公园、广场、路边的坐椅支架更为适用。铸铝构件同铸铁构件应用相同，不同的是铝件从性能及外观上优于铸铁件，多用于高档家具。铸铜件适合家具小型装饰件，有时也可用于高档的床架上。铸造法加工，同其他铸铁方法一样，首先要铸砂型模具，将熔化成液体的金属进行浇铸，成型后进行刨光加工。

2）弯曲法。弯曲法适用钢筋、钢管及部分型材的加工，可以采用简单的设备用手工弯曲，加工方法有轴模弯曲法及凹模弯曲法。而更多的则是用机械专用设备生产，这样才能保质保量，取得完美的效果。

3）冲压法。利用金属材的延展性，把被加工的材料放在冲床上进行冲压，形成各种曲面和形状，如椅桌的腿部构件、椅子坐板、背板，金属文件柜，抽屉等。有些写字台、厨房家具等也是冲压成型的。一个方向的弯曲构件可用简单的设备加工，而复杂的弯曲要有较高级的冲压机，而且要成批生产才有好处。

（2）金属构件接合的基本方法。金属构件接合方式，可分为金属材自身接合及金属材与其他材料的接合。金属材与金属材之间接合方法有焊接合、铆接合、插接合等。

1）焊接合是金属构架接合的主要方法之一，特点是适应性较强，操作简便，接合紧密，如操作合格，焊接处强度往往较未焊接处大。缺点是劳动强度大，工作效率低，焊接后容易变形，焊缝处常出现堆积状，给漆饰、电镀工序造成困难。

2）铆接合是用铆钉进行接合，由于家具用金属构件不大，相对要求强度不高，一般选用直径为13～16mm的铆钉。

3）插接合是在接合处用插接件连接装配，生产时只须经过下料截断加工打孔，就可进行组装，加工简便。主要用于钢管及扁钢构件接合。此外，还有可拆装的螺栓接合、套扣接合、套管螺栓接合等。这些方法是用在可拆装或是可变化的家具结构上。

利用金属材制造家具，除了主要框架外，还要与木材、玻璃等料配合使用，这种接合应根据材料性质选用适宜的方式。

（3）金属构件的安装。金属构件安装有用于扶手部位的套管法，金属与玻璃、木板接合的螺钉安装法。搁板的安装主要是可拆装的托架与带孔的立柱，可任意灵活调整高度。金属脚的安装要解决好与地面的接触，一方面要放大与地面的接触面，还要增加橡胶脚垫。为方便办公椅的活动并加上脚轮，现代化的大型会议、观众厅里的坐椅、阶梯教室里的课桌椅，以及体育场馆里的坐凳都是固定的排列，需要用螺栓固定在楼地面基层上。

5. 塑料家具

塑料是由分子量非常大的有机化合物所形成的可塑性物质，具有质轻、坚牢，耐水、耐油、耐蚀性高，光泽与色彩佳，成型简单，生产效率高，原料丰富等许多优点。特点是很容易成型，变成坚固和稳定的形式。由于这个原因，塑料家具几乎常常由一个单独的部件组成，不用结合或连接其他构件，它的功能与造型已摒弃以往木材和金属家具的形式而有创新的设计。塑料的品种、规格、性能繁复多样，对塑料合理选用也就成为家具设计和加工的重要环节。目前用于家具制作的塑料有下列五种。

（1）玻璃钢成型家具。玻璃纤维塑料，商品名称“玻璃钢”，是强化塑料种类之一，是由玻璃长纤维强化的不饱和多元酯、酚甲醛树脂、环氧树脂等组成的复合材料，具有优异的机械强度，质轻、可任意着色，成型自由、成本低廉等优点，因而取得“比铝轻、比铁强”的美誉，可以取代木材等传统材料，它可以单独成型制作椅凳，而更多的是制成座面和靠背构件与钢管组成各种类型的椅凳、用于公共建筑家具，也可用于软垫椅凳坐面、靠背的基层，代替木制框架和板材，或用于组合桌椅的腿支架、代替铸铁支架等。

（2）ABS成型家具。ABS树脂又称“合成木材”，是从石油制品提炼出来的丙烯腈、丁二烯、苯乙烯三种物质混合而成的一种坚韧原料，通过注模、挤压或真空模塑造成型，具有质地轻巧强韧，富有耐水、耐热、防燃以及不收缩、不变形等优点，比起自然木材要强得多。用于制造小部件和整个椅子的框架部件。

（3）高密度聚乙烯。聚乙烯树脂由乙烯气合成，为日常生活中用得最多的塑料，分高压、中压、低压三种。有良好的化学稳定性和摩擦性能，质地柔软，质量比水轻，耐药品性和耐水性皆佳，但低密度者耐热性低，高密度者可做整体椅子，更多是用来制作公共建筑中组合式椅凳的座面和靠背构件，与金属构件共同构成成组成排的坐用家具。

（4）泡沫塑料。泡沫塑料是一种发泡而成的多孔性物质。原料是聚氨基甲酸酯泡绵，这种材料应用的范围很广，依其物性不同可分为软质、硬质和半硬质泡沫塑料。软质泡沫塑料气垫性优异，适用于软垫家具。硬质泡沫塑料由单独气泡构成，用作隔音、隔热的板材。由于这种材料具有优异的接着性，可在现场发泡成型，只要注入已缝好软垫内，套两种成品原料于套内，几分钟之后即可发泡膨胀成形，内套成形后再包装外饰面材料。

（5）压克力树脂。压克力树脂即丙烯酸树脂，一般皆指甲基丙烯酸的甲酯重合体。主要特点是无色透明、坚韧、耐药品性与耐气候性皆良好，是一种像玻璃一样透明的原料。形状有各种厚的板材，圆柱形的管材。可以浇注，但在家具生产中最常用的还是成品原料通过切割、加热弯曲，用胶接剂或机械连接的方法组装。

当然，家具还有很多综合类型，如软包家具、充气家具、固定家具等。软包家具主要指家具外饰面为软质材料，家具内部填充其他弹性材料，通过包覆形成家具主要特征。如沙发类型家具，该类型家具具有柔软舒适的特征。充气家具主要通过给家具内部注充气体，使家具膨胀，达到使用目的，充气家具的材料一般多为塑料材质。固定家具主要是安装形式相对于移动家具而言，具有不可移动性类别的家具。如大会议室内的连排椅，体育馆内的座椅等形式。

二、人体工程学的应用

人体工程学是一门研究人、人与物、人与环境相互尺度作用的科学，它是以人的生理特征和行为特性为出发点，提高环境的合理性和有效性，创造舒适的环境条件，减轻疲劳，提高工作效率的一门学问。好的室内空间设计应该了解人在室内空间环境中的行为状态，正确地处理好人、商品和环境之间的关系，考虑到室内环境空间的视觉、动态及心理的关系。人的活动所占有的空间尺度是确定各种空间尺寸的依据，所以人体的尺寸是室内空间设计序列设施的设计尺度和比例的依据。因而，人体工程学也是室内设计师确定各项设计形式和制定各种家具、灯具及陈列标准的依据。

要使室内环境科学、舒适化，除了要妥善处理空间的尺度、比例与组合功能外，还要充分考虑人们的活动规律，合理运用物质技术设备配置，解决好通风采光等基本物质功能问题。如果忽视了这一点，只见物不见人，也会使活动于其中的人们沦为“艺术”或“物质”的奴隶。因而，作为室内环境设计者要有“人”是主体的思想，正确地运用物质技术，使室内环境设计通往一个美的感受世界，反映出人、自然与社会环境等本质的统一美。

涉及以人—机环境关系为主体研究对象的室内空间环境，如果说美感是一种客观事物对于人类适应性、需要性或宜人性的话，那么人体工程学正是解决好人与环境之间的适应性问题的科学。

（一）人体工程学的作用

人体工程学的作用在室内环境设计中主要体现为以下两点。

1. 设计依据

首先是为室内空间范围提供理论依据，在确定空间范围时，必须搞清使用这个空间的基本人群人数，每个人需要多大的活动面积及设备占用空间尺度数据等，并测定出儿童、成人在室内环境中的坐、卧、立时的平均尺寸，测定出人们使用各种工具、设备时的合理尺度。

2. 因人而异

其次，为人的适应能力提供依据。人的感觉器官能力是有差别的，分为触觉、听觉和视觉。例如视觉，人体工程学要研究人的视野范围（动与静的视野）、视觉适应及视错觉等生理现象。即要研究一般规律又要研究特殊性，不同年龄、性别等的差异，找出其中的规律，这对室内设计是十分必要的。

尺度是人体工程学中最基本的内容，也是最早开始研究的领域。最初，人们完全从经验出发来确定产品和环境的基本尺度。室内的空间尺度、用具尺度和细部尺寸等均应以人体的标准尺寸为基点，进行组织、设计与陈列。人类的活动范围与行为方式所构成的特定尺度是界定其他设计尺度的标准。室内空间设计中人体基本尺寸的应用包括静态尺寸和动态尺寸两个方面。

因此，只有对人的心理活动的规律具有清醒的认识和深刻的把握，才能根据人们在特定的空间环境下的心理需求设计出优秀的室内环境艺术作品来。

（二）人体工程学的尺度

1. 人体静态尺度

静态尺寸又称结构尺度，是人体处于相对静止的状态下所测得的尺度，如头、躯干及手足四肢的标准位置等。静态尺寸计算测量可在立姿、坐姿、跪姿和卧姿四种形态上进行，这些姿势均有人体结构上的基本尺度特征。静态尺寸主要是以人体构造的基本尺寸为依据，通过研究人体对环境中各种物理、化学因素的反映和适应能力，分析环境因素对人的生理心理及工作效率的影响，确定人在空间中的舒适范围和安全限度所进行的系统数据比较分析结果的反应。

人和人的尺度各不相同，但如以一个群体或地域来考察，可以发现人类的尺度具有一定的分布规律。通过人体测量学的方法对众多的人测量后，运用数理统计、分析和处理，总结出其分布规律。在数理统计中，平均值表示全部被测量群体区别于其他群体的独有特征。例如，美国成年男性的平均身高为174.8cm，日本男性的平均身高为166.9cm，而我国成年男性的平均身高为167cm（女性平均身高为156cm）。通过这些数值的比较，就可以大致了解这个种族的身高情况。需要注意的是人体的尺度会因为国家、地域、民族、生活习惯的不同而存在较大差异。如图4-1-1～图4-1-3所示。

2. 人体基本动态尺度

动态尺度又称机能尺度，是接受计算测量者，处于执行各种动作或进行各种体能动作中各个部位的尺度平均值，以及动作幅度所占空间的尺度。人体的动态姿势按活动规律可以分为站立姿势（背伸直、直立、向前微弯腰、微微半蹲、半蹲等）、座椅姿势（依靠、高凳、低凳、工作姿势、稍息姿势、休息姿势等）、平坐姿势（盘腿坐、

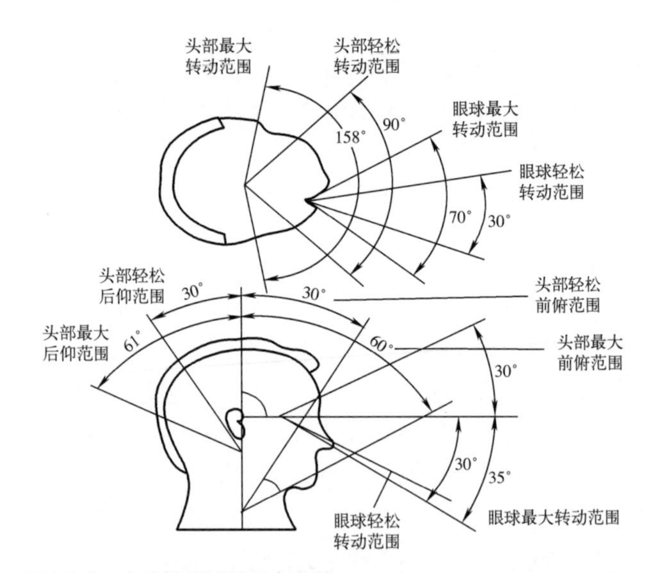

图4-1-1　人的视线区域分布参数

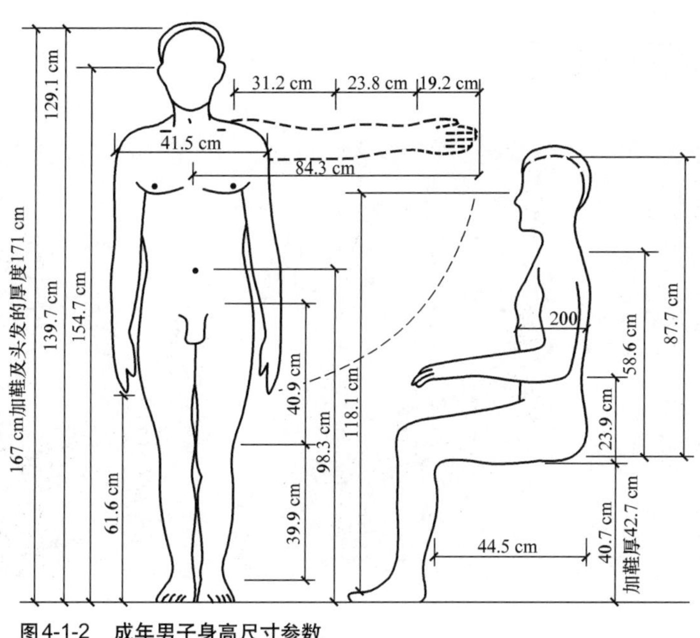

图4-1-2　成年男子身高尺寸参数

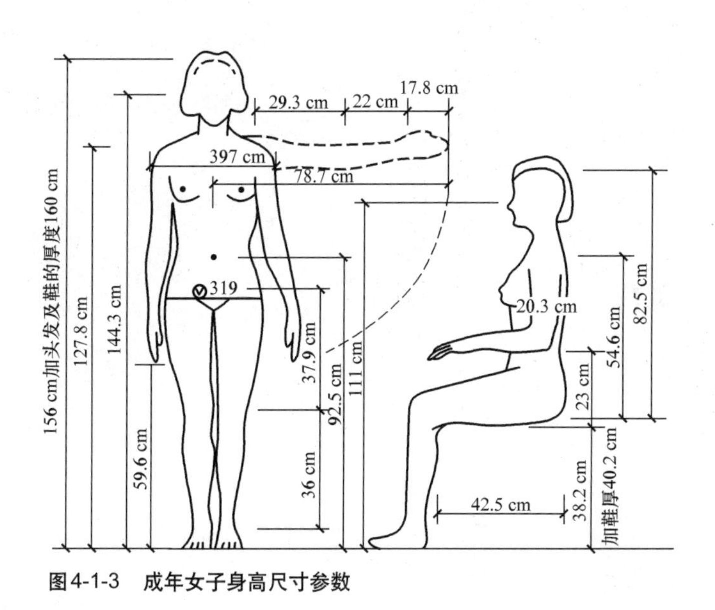

图4-1-3　成年女子身高尺寸参数

蹲、单腿跪立、双膝跪立、跪端坐等）和躺卧姿势（俯伏撑卧、侧撑卧、仰卧等）。

在现实生活中，人体的运动往往通过水平或垂直的两种以上的复合动作来达到目标，从而形成了动态的“立体作业范围”。在室内空间设计中，研究作业空间的目的正是为了掌握好尺度的普遍标准，使人机系统能以最有效、最合理的方式满足信息传达给人，人与人、人与物、人与环境相互尺度作用的交流与沟通等不同人群的需求，同时最大限度地减轻人的生理、视觉与心理的疲劳度。

动态尺度的测量是因其动作目的的不同，测量的功能尺度也就不同。但是，人处在动作姿态时，总会体现出相对的稳定性，因此可据此做出相对静态的测量与分析。

三、家具设计艺术欣赏（见图 4-1-4 ～图 4-1-29）

图4-1-4　中国传统黄花梨木圆后背交椅

图4-1-5　中国传统黄花梨木圆透雕靠背圈椅

图4-1-6　黄花梨木展腿式半桌、折叠式镜台、霸王式方桌

图4-1-7　中国传统黄花梨木博古架

图4-1-8　中国传统文房家具

(a)

(b)

图4-1-9　中国传统厅堂家具

(a)

(b)

图4-1-10　西洋古典式沙发造型

图4-1-11　钢制软面休闲椅

图4-1-12　钢制休闲椅

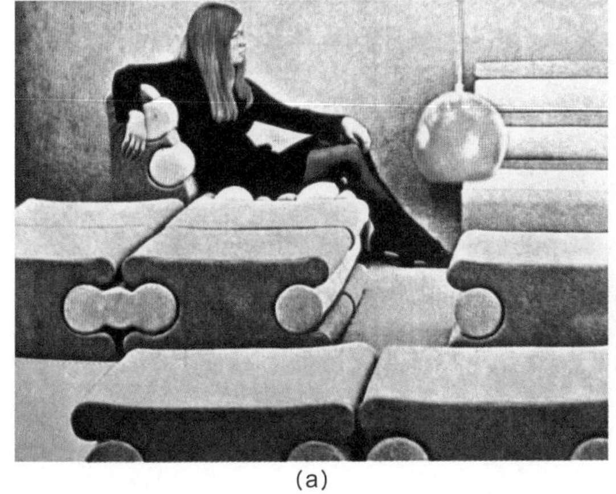

(a)

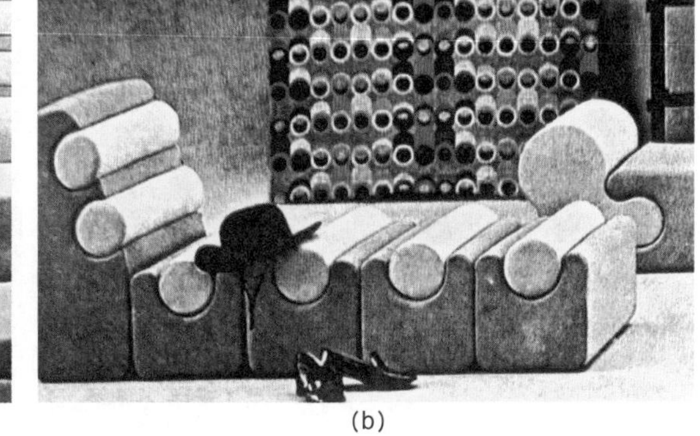

(b)

图4-1-13　泡沫海绵组合沙发

图4-1-14　竹、木、软包艺术坐墩

图4-1-15　橡木艺术条几饰柜

图4-1-16　板式（三聚氰胺板）办公家具1

图4-1-17　板式（三聚氰胺板）办公家具2

图4-1-18　根据人体工学设计的靠背可调的办公座椅

图4-1-19　服务柜台艺术设计造型

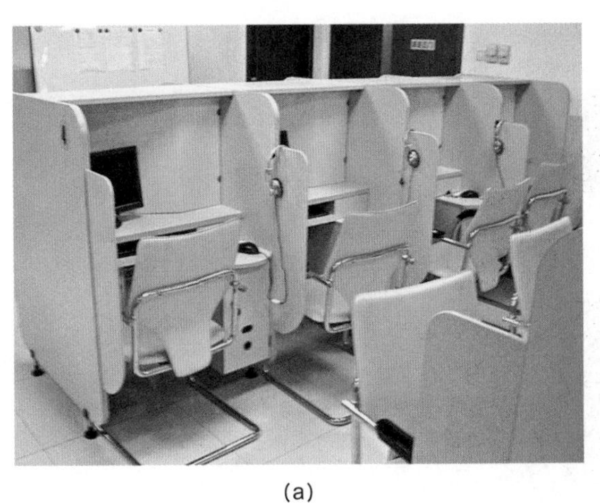

(a)

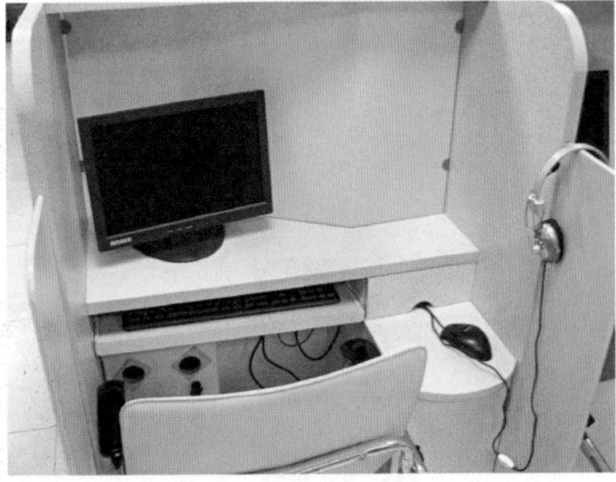

(b)

图4-1-20 板式（三聚氰胺板）办公家具3

图4-1-21 便捷式快餐座椅

图4-1-22 影剧院固定折叠座椅

图4-1-23 塑料吹气沙发

图4-1-24 泡沫塑形沙发

图4-1-25 “黑白组合”多用饰柜

图4-1-26 德国红点“时尚”家具，飘然自得

图4-1-27 德国红点“时尚”组合多用家具

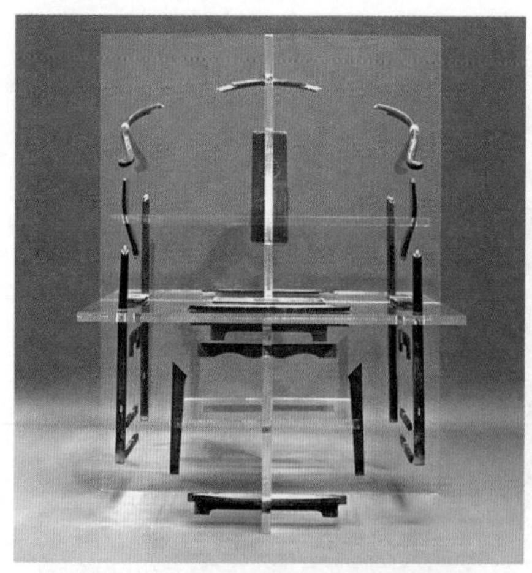

图4-1-28 中国传统“圈椅”神韵解构创意

图4-1-29 中国“博古架”写意弧形创意

第二节　灯具与灯光设计

一、灯具材料与分类

照明灯具是集使用功能、艺术形式和物理性能于一体的产物，由于各类灯具安装的场所不同，灯具的功率、结构不同，灯具安装光源不同，所以起的作用也不同，有的作一般照明，有的作局部照明，有的作应急照明，有的在低温状态下照明，也有的能在易爆环境条件下照明。因此有多种分类方法。

（一）灯具的分类

1. 灯具的光通分类

（1）直接型灯具。直接型灯具的用途最广泛。因为90%以上的光通向下照射，所以灯具的光通利用率最高。如果灯具是敞口的，一般来说灯具的效率也相当高。工作环境照明应当优先采用这种灯具。直接型灯具又可按其配光曲线的形状分为广照型、均匀型、配照型、深照型和特照型五种。

1）深照型灯具和特照型灯具，由于它们的光线集中，适用于高大厂房或要求工作面上有高照度的场所，这种灯具配备镜面反射罩并以大功率的高压钠灯、金属卤化物灯等为主。

2）配照型灯具适用于一般厂房和仓库等地方。

3）广照型灯具一般用作路灯照明，但近年来在室内照明领域也很流行。这种灯具的最大光强不是在灯下，而是在离灯具下垂线约30°的方向，灯下则出现一个凹峰，同时在45°以上的方向，发光强度锐减。它的主要优点有：在灯具的保护角为45°～90°时，直接眩光区亮度低，直接眩光小；灯具间距大，也能有均匀的水平照度，这就便于使用光通输出高的高效光源，减少灯具数量，产生光幕反射的几率亦相应减少，有适当的垂直照明分量。横向配光蝙蝠翼形的荧光灯具采用纵轴与视线方向平行的布置方式，尤为理想。

4）敞口式直接型荧光灯具，纵向几乎没有遮光角，在照明舒适度要求高的情况下，常要设遮光格栅来遮光源，减少灯具的直接眩光。

5）点射灯和嵌装在顶棚内的下射灯也属直接型灯具，光源为白炽灯。点射灯是一种轻型投光灯具，主要用于重点照明，因此多数是窄光束的配光，并且能自由转动，灵活性很大，非常适合商店、展览馆的陈列照明。下射灯是隐蔽照明方式经常采用的灯具，能够创造恬静幽雅的环境气氛。这种灯具用途很广，品种也很多。下射灯能形成各式各样的光分布，它有固定的和可调的两种。可调的或者有某一个固定角度的灯具，通常用作墙面及其他垂直面的照明。

直接型灯具效率高，但灯具的上半部几乎没有光线，顶棚很暗，明亮的灯具容易形成对比眩光。它的光线集中，方向性较强，产生的阴影也较浓。

（2）半直接型灯具。它能将较多的光线照射到工作面上，又能发出少量的光线照射顶棚，减小了灯具与顶棚间的强烈对比，使室内环境亮度更舒适。这种灯具常用半透明材料制成或做成开口样式，如外包半透明散光罩的荧光吸顶灯具和上方留有较大的通风、透光空隙的荧光灯以及玻璃菱形罩、玻璃碗形罩等灯具，都属于半直接型灯具，半直接型灯具也有较高的光通利用率。典型的是乳白玻璃球形灯，其他各种形状漫射透光的封闭灯罩也有类似的配光。均匀漫射型灯具将光线均匀地投向四面八方，对工作面而言，光通利用率较低。这类灯具是用漫射透光材料制成封闭式的灯罩，造型美观，光线柔和均匀。

（3）半间接型灯具。这类灯具上半部用透光材料制成，下半部用漫射透光材料制成。由于大部分光线投向顶棚和上部墙面，增加了室内的间接光，灯具易积灰尘，会影响灯具的效率。半间接型灯具主要用于民用建筑的装饰照明。

（4）间接型灯具。这类灯具将光线全部投向顶棚，使顶棚成为二次光源。因此室内光线扩散性极好，光线均匀柔和，几乎没有阴影和光幕反射，也不会产生直接眩光。使用这种灯具要注意经常保持房间表面和灯具的清洁，避免因积尘污染而降低照明效果。间接型灯具适用于剧场、美术馆和医院的一般照明，通常不和其他类型的灯具配合使用。

2. 灯具的结构分类

（1）开启型灯具。光源与外界空间直接相通，无罩包合。

（2）闭合型灯具。具有闭合的透光罩，但罩内外仍能自然通气，如半圆罩无棚灯和乳白玻璃球形灯。

（3）封闭型灯具。透光罩接合处加以一般填充封闭，与外界隔绝比较可靠，罩内外空气可有限流通。

（4）密闭型灯具。透光罩接合处严密封闭，罩内外空气相互隔绝。如防水防尘灯具和防水防压灯具。

（5）防爆型灯具。透光罩及接合处，灯具外壳均能承受要求的压力，能安全使用在有爆炸危险性质的场所。

（6）隔爆型灯具。在灯具内部发生爆炸时，火焰经过一定间隙的防爆面后，不会引起灯具外部爆炸。

（7）安全型灯具。在正常工作时不产生火花、电弧，或在危险温度的部件上采用安全措施，以提高其安全程度。

（8）防震型灯。这种灯具采取了防震措施，可安装在有振动的设备设施上，如行车、吊车、或有振动的车间、码头等场所。

3. 安装方式分类

根据安装方式的不同，灯具大致可分为如下几类。

（1）壁灯。壁灯是将灯具安装在墙壁上、庭柱上，主要用于局部照明、装饰照明，不适宜在顶棚安装。

壁灯主要有筒式壁灯、夜间壁灯、镜前壁灯、亭式壁灯、灯笼式壁灯、组合式壁灯、投光壁灯、吸壁式荧光灯、门厅壁灯、床头臂式壁灯、壁面式壁灯、安全指示式壁灯等。壁灯从功能上讲，可以弥补顶部因无法安装光源所带来的照明缺陷。从艺术角度，其特殊的安装位置，是营造空间氛围的理想手段。壁灯设计应注意眩光和人为的碰撞。

（2）吸顶灯。吸顶灯是将灯具吸贴在顶棚面上，主要用于没有吊顶的房间内，多用于低高度空间。

吸顶灯主要有组合方形灯、晶罩组合灯、灯笼吸顶灯、圆格栅灯、筒形灯、直口直边形灯、边扁圆形灯、尖扁圆形灯、圆球形灯、长方形灯、防水形灯、吸顶式点源灯、吸顶式荧光灯、吸顶式发光带、吸顶裸灯泡等。

吸顶灯应用比较广泛。吸顶式的发光带适用于计算机房，变电站等；深照式吸顶荧光灯适用于照度要求较高的场所；封闭式带罩吸顶灯适用于照度要求不很高的场所，它能有效地限制眩光，外形美观，但发光效率低；吸顶裸灯泡，适用于普通的场所，如厕所、仓库等。

（3）嵌入式灯。嵌入式灯适用于有吊顶的房间，灯具是嵌入在吊顶内安装的，这种灯具能有效地消除眩光，与吊顶结合能形成美观的装饰艺术效果。嵌入式灯主要有：圆格栅灯、方格栅灯、平方灯、螺丝罩灯、嵌入式格栅荧光灯、嵌入式保护荧光灯、嵌入式环形荧光灯；方形玻璃片嵌顶灯、嵌入式点源灯、浅圆嵌式平顶灯等。

（4）吊灯。吊灯是最普通的一种灯具安装方式，也是运用最广泛的一种，它主要是利用吊杆、吊件、吊管、吊灯线来吊装灯具，以达到不同的效果。在商场营业厅等场所，利用吊杆式荧光灯组成规则的图案，不但能满足照明功能上的要求，而且还能形成一定的装饰艺术效果。吊灯主要有圆球直杆灯、碗形罩吊灯、伞形吊灯、明月罩吊灯、束腰罩吊灯、灯笼吊灯、组合水晶吊灯、三环吊灯、玉兰罩吊灯、棱晶吊灯、吊灯点源灯等。

带有反光罩的吊灯，配光曲线比较好，照度集中，适用于顶棚较高的场所、教室、办公室、设计室等。吊线灯适用于住宅的卧室、休息室、小仓库、普通用房等。吊管、吊链花灯，适用于有装饰性要求的房间，如宾馆、餐厅、会议厅、大展厅等。

吊灯适合较高空间的安装，它会调节空间高度视差，弥补环境缺陷。嵌入式灯具是灯具嵌入顶棚内部，它的最大特点是能够保持建筑装饰的整体和统一性。

(5) 地脚灯。地脚灯主要应用于医院病房、宾馆客房、公共走廊、卧室等场所。地脚灯的主要作用是照明走道，便于人员行走。它的优点是避免刺眼的光线，特别是夜间起床开灯，不但可减少灯光对自己的影响，同时还可减少灯光对他人的影响。地脚灯均暗装在墙内，一般距地面的高度为0.2～0.4m。地脚灯的光源采用白炽灯，外壳由透明或半透明玻璃或塑料制成，有的还带金属防护网罩。

(6) 台灯。台灯主要放在写字台、工作台、阅览桌上。台灯的种类很多，目前市场上流行的主要有变光调光台灯、荧光台灯等。目前还流行一类装饰性台灯，如将其放在装饰架上或电话桌上，能起到很好的装饰效果。台灯一般在设计图上不标出，只在办公桌、工作台旁设置一至二个电源插座即可。

(7)落地灯。落地灯多用于带茶几沙发的房间以及家庭的床头或书架旁。落地灯有的单独使用，有的与落地式台扇组合使用，还有的与衣架组合使用，一般在需要局部照明或装饰照明的空间安装较多。

台灯、落地灯一般作为补充照明来使用，可移动性是其最大优势。它可以丰富空间底部的照度层次，使用和变换起来也很方便。由于离人较近，应注意漏电和防烫伤，还要注意光源的位置所造成的眩光现象。(图4-2-1)

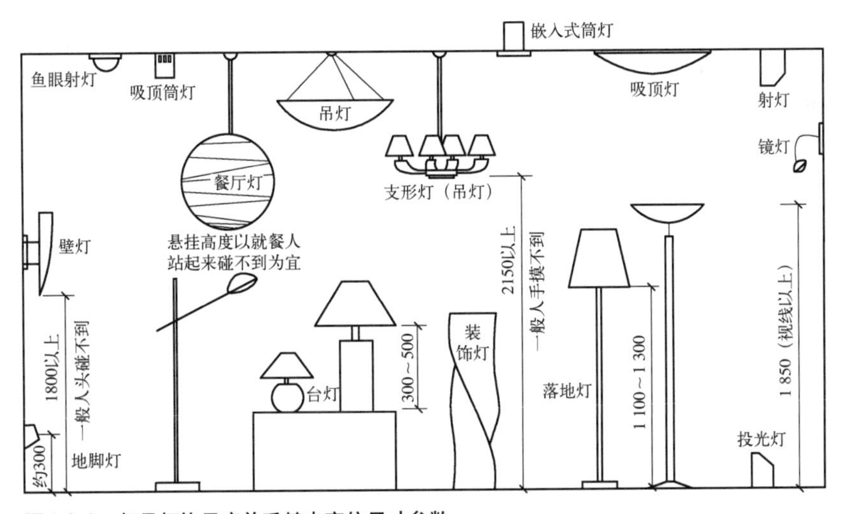

图4-2-1 灯具灯饰尺度关系基本定位尺寸参数

（二）灯具的材料

灯具设计最终是通过材料和造型来完成。材料就像依附在造型上的皮肤，透过其质感、色彩和肌理，向人传达一种氛围，并以此来影响人的情绪。目前灯具上可供使用的材料种类很多，根据使用部位可分为结构材料和装饰面材，结构材料主要作为灯体支架和支撑作用使用，装饰面材起到表面美化作用。目前灯具制作常用材料主要有以下几类。

1. 玻璃材料

玻璃是无机非结晶体，主要以氧化物的形式构成。在灯具制造中多作为灯罩使用。玻璃主要有以下几种分类。

（1）钠钙玻璃。普通玻璃，多为平板形式出现，或制成球型玻璃罩。表面可以磨砂、压花和钢化。

（2）硼硅酸玻璃。一般硬质玻璃，耐热性能好，多用于室外。

（3）结晶玻璃。稍带黄色，热膨胀系数几乎为零，多用于热冲击高的场所。

（4）石英玻璃。耐热性能和化学耐久性好，可见光、紫外线和红外线的透过率高，多用于特殊照明灯具，如卤化物灯等。

（5）铅玻璃。透明度好，折射率高，表面有光泽，多用于装饰材料。

2. 金属材料

金属是指具有良好的导电、导热和可锻性能的元素。如铁、铝、铜等。合金是指两种以上的金属元素，或者金属与非金属元素所组成的具有金属性质的物质。如钢是铁和碳所组成的合金。黑色金属是以铁为基本成分的金属及合金。有色金属的基本成分不是铁，而是其他元素，例如铜、铝等金属和其合金。

金属材料在灯具中使用可分为两大类，一为结构承重材，一为饰面材。结构承重材较厚重，有支撑和固定作用；饰面材则多利用金属的色彩和形态。色泽突出是金属材料的最大特点。铝、不锈钢、钢材较具时代感。铜材较华丽、优雅，其中古铜色铜材则较古典，而铁则古朴厚重。

（1）钢材。钢材主要用来做灯具架构材料使用，其强度和拉伸性较好。形态有板材、型钢、管材、钢丝和钢网等。通过铸造、锻压，可以满足各种造型需要。表面可以进行多种艺术处理，如喷漆、烤漆、电镀、抛光以及压花等。构件连接主要有点焊、螺钉等方式。

（2）铁材。铁材是生活中最通用的一种金属材，可分为生铁材及熟铁材。主要作为灯具的构架使用。生铁含碳量2% ~ 5%，比重7.2，可熔解，不耐锤击。熟铁碳含量0.05% ~ 0.3%，比重7.7，不可熔解，耐锤击。其形态有板材、管材以及铁丝等，表面可以喷漆。

（3）铝材。有色金属中的轻金属，银白色。具有良好的导电和导热性能，以及耐腐蚀、耐氧化性能，易于加工。在铝中加入合金元素，就成为铝合金，其一般机械性能会明显提高。形态有板材、管材、铝网和型铝等。

（4）铜材。铜材具有良好的导电性能，在照明和电气系统中多作为导电材料使用。作为表面装饰材料，通过抛光、电镀、腐蚀等方法，可以制作特殊效果，多用来制作灯具结构。铜材会生铜绿，故使用铜材作灯具多加其他金属而成合金。加入合金元素，铜的颜色和性能将发生变化。纯铜，性软、表面光滑、光泽中等，可产生绿锈；黄铜，是铜与亚铅合金，耐腐蚀性好；青铜，铜锡合金；白铜，含9% ~ 11%镍；红铜，铜与金的合金。

另外，不锈钢是含铬12%以上，具有耐腐蚀性能的铁基合金，具有较强的防水、防腐性能，是反光性能极好的金属材料。形态有板材和管材，表面多为镜面和雾面肌理效果。常做灯体使用，具有时尚感。

3. 木材、竹材

木材具有材质轻、强度高，有较强的弹性和韧性等特点，另外易于加工和表面涂饰。特别是木材美丽的自然纹理，柔和温暖的视觉和触觉是工业建材所无法比拟的。木材在灯具制作中主要作为灯体构架出现。另外，薄木皮还可以做成透光灯罩。

（1）木材。木材分针叶树材和阔叶树材两大类。针叶树树干通直而高大，易得大材，纹理平顺，材质均匀，木质较软而易于加工。表现为密度和胀缩变形较小，耐腐蚀性强，常见树种有松、柏、杉。针叶树材往往用来制作灯体结构。阔叶树树干通直部分一般较短，材质硬且重，强度较大，纹理自然美观。灯具制作中常用的树种有榆木、榉木、樱桃木以及红木等，来表现其细腻的肌理感。木材的连接可以通过卯榫形式完成，其结构样式往往也是灯具的表现特点之一。木材表面的艺术处理主要有雕刻、油漆等手法。

(2) 竹材。常见的种类有毛竹、刚竹、桂竹、水竹、慈竹等，为我国特产。竹藤特有的编织效果也会使灯具产生奇特韵味。

4. 塑料材料

所谓塑料，是以合成树脂（高分子聚合物或预聚物）为主要成分，或加有其他添加剂（如填料、增塑料、稳定剂和色剂等），经一定温度、压力塑制成型的材料。塑料具有许多优异的性能，如比重小，耐腐蚀，良好的吸声、防震性能，而且易于加工，安装性能好，价格较低，以及良好的装饰效果。 塑料的种类主要有PVC（聚氯乙烯）、PU（聚氨酯）、PE（聚乙烯）、PMMA（有机玻璃）、PP（聚丙烯）、PS（聚苯乙烯）、ABS塑料、UP（不饱和聚酯）和GRP（玻璃纤维增强塑料、玻璃钢）等几种。

在灯具中使用，首先塑料有一定的绝缘性能，可以制作电器、灯具的零部件；其次，塑料可塑性能强，易于各种造型制作；另外其透光性好，适合灯具面罩制作。目前市场上有相当的灯具采用塑料透光面罩，要注意的是塑料的耐热性能较差，注意灯具的防火和隔热。

5. 透光石材

石材是从天然岩石中开采而得的荒料，经过加工形成灯具所需要的高级饰面材料。主要有大理石和玉石等。其中玉石具有透光性，大理石具有美丽的纹理，而常被用来制作灯体和灯罩，高贵华丽。但由于加工难度较大，因而价格不菲。目前，市场有仿石材灯具，多为人造树脂合成材料制成，可以以假乱真，从而降低价格。

6. 陶瓷

陶瓷是陶器和瓷器两大类产品的总称。陶瓷在灯具制作中，一是作为绝缘材料使用，二是作为灯体造型出现。有些灯体本身就是艺术品，如用中式的青花瓷和粉彩瓷器，再配上灯罩，就是一件韵味独具的古典艺术灯具。另外现代陶艺作品配上光源，就会成为别具一格的时尚灯具。陶瓷的可塑性及独特肌理，使灯具具有艺术家的气质。

7. 纸质

目前，灯具市场纸质灯具广泛流行。既有实用性，又可以营造特殊的情调和氛围。特别是灯罩纯手工折叠而成，部分材料拥有专利，有特殊色彩和肌理，并且可清洗。纸质灯具轻薄透明，射出的光柔润温馨，使居室空间环境效果富有感染力。纸表面同时还可以进行印刷、书画、裱贴等艺术处理。纸质灯具要注意防火问题，可以在纸质灯罩里面加一层防火膜。

8. 布、纱、绸

主要做灯具的面罩使用。由于其的柔软性，必须配合框架使用，易于加工。布又可以分为棉、麻、呢、绢、涤纶、腈纶等，布的艺术处理有刺绣扎染、蜡染、印花、编织等手法；纱具有透明性，有较多的色彩选择；丝绸比较富丽，可以通过刺绣手法增加图案。由于此类材料具有易燃性，需注意防火。

9. 皮革

皮革分为天然皮革和人造皮革，可以作为灯具面罩和面饰使用，有很好的艺术特点。常用的天然皮革有羊皮、牛皮等，肌理和色彩有所差异，表面可以彩绘印刷和编织。

（三）室内灯具的构造

灯具一般由四部分组成，即灯体、灯罩、光源以及电料。

1. 灯体

灯体是灯具的立架结构部分，具有稳定支撑的作用。材质上一般多为金属、陶瓷或木制结构，相对较为结实。灯体往往是灯具的主要造型部位。需要注意的是，在考虑材质和造型的同时，应注意电源线路和光源位置的隐蔽与安全。

2. 灯罩

灯罩是灯具光源的遮掩部位，一般由骨架和面罩两部分组成，是灯具光效的重要表现部位。其材质多样，总体上来讲可分为不透明、半透明和透明三种形式。灯具的造型、材质及面积都是直接影响光源输出效率的重要因素，设计上应着重考虑。同时，还应特别注意对光源眩光的处理，以及灯具防火散热的考虑。

3. 光源

光源是灯具的核心部分，没有光源就不能称其为灯具。目前的光源多为电灯，有多种类型可供选择。对于灯具来讲，光源的亮度和显色性是一个重要的衡量标准，也是表现空间气氛的重要依据。选择何种光源可以根据灯具的实际功能要求决定。

4. 电料

电料包括电线、插头、插座、可控开关及相关配件等，是灯具安全的主要部位。设计上应选择达到国家标准的电料产品，同时注意接头的安装标准和规范。

二、灯光色彩的应用

（一）室内电光源的种类

常用的电光源有白炽灯、荧光灯、荧光高压汞灯、卤钨灯、高压钠灯和金属卤化物灯等，根据其工作原理，可分为热辐射光源和气体放电光源等两大类。

1. 热辐射光源

主要是利用电流将物体加热到白炽程度而产生发光的光源，如白炽灯、卤钨灯。

2. 放电光源

利用电流通过气体（或蒸汽）而发射光的光源。这种光源有光效高、使用寿命长等特点，使用广泛。

(1)按放电媒分类。一是气体放电灯,这类光源主要利用气体中的放电而发光,如氙灯、氖灯等；二是金属蒸汽灯，这类光源主要利用金属蒸汽放电，光主要由金属蒸汽产生，如汞灯、钠灯等。

(2) 按放电的形式分类。一是辉光放电灯，这类光源由正辉光放电柱产生光，放电的特点是阴极的次级发射，比热电子发射大得多（冷阴极），阴极位降较大（100V左右），电流密度较小，这种灯也叫冷阴极灯，霓虹灯属于辉光放电灯，这类光源通常需要很高的电压；二是弧光放电灯，这类光源主要利用弧光放电柱产生光（热阴极灯），放电的特点是阴极位降较小。这类光源通常需要专门的启动器件和线路才能工作，荧光灯、汞灯、钠灯等都属于该类。

（二）常用装饰艺术照明

1. 白炽灯

白炽灯的发光原理是当电流通过钨丝时，产生大量的热，使钨丝温度升高2400～3000K，达到白炽的程度。白炽灯的主要功能是产生可见光，用于照明。但白炽灯的总能量中只有15%左右用于产生可见光，剩余能量以红外线的形式辐射出去。其种类有普通白炽灯、反射型白炽灯、磨砂白炽灯以及石英灯杯等。

(1) 高度的集光性和显色性。

(2) 安装简便，适于频繁开关。

(3) 光效率低，寿命短。

(4) 受电压波动影响较大。

由于白炽灯色温在2700～3000K，因此发出的光与自然光相比较呈红黄色，有温暖感，常适用于家庭、宾馆、饭店及艺术照明等，具有很强的实用性。但白炽灯的热辐射较高，应注意光源的散热性能。另外，白炽灯还有卤钨灯、碘钨灯等多种形式。

2. 荧光灯

荧光灯是一种预热式低压汞蒸汽放电灯，其特点是管内充有惰性气体，管壁刷有荧光粉，管两端装有电极钨丝。通电后，低压汞气开始放电，并刺激荧光粉放电，产生光源，其形状多样。常用荧光灯有三种色温：月光色，色温6500K，近似自然光，有明亮感，使人精神集中，多适用于办公室、会议室、教室、阅览室、图书馆等区域，有较好的照度值，便于人们学习和工作；冷白色，色温4300K，白色光效较高，光色柔和，使人舒适、愉快和安详，多使用在商店、医院、饭店、餐厅等区域；暖白色，色温3000K，与白炽灯近似，红光成分多，给人温暖、舒适、健康的感觉，适用于家庭、住宅、餐厅、宾馆等区域。另外彩色荧光灯是在管壁涂有彩色荧光粉及充入惰性气体，从而产生颜色变化的低压放电灯，主要起装饰作用。

CFL（三基色）荧光灯是较普通荧光灯光效更高的一种低压汞蒸汽放电灯，其管壁涂有三基烯土粉，由于其效率高，显色性好，寿命长，使荧光灯达到新的使用高度。

（1）有月光色、冷白色和暖白色三种色温，光效高。

（2）寿命比白炽灯长2～3倍。

（3）点燃迟，有霎光效应，不宜频繁开关。

（4）受环境温度影响大。

3. 霓虹灯

霓虹灯是在封闭玻璃管内抽真空后，充入氖、氩、氦等惰性气体中的一种或多种，通过管玻璃的色彩与荧光粉作用，得到不同光色的装饰效果，多适用于舞厅、娱乐场所、建筑外立面门头的装饰。要注意的是，霓虹灯须通过变压器将10～15kV高压加在霓虹灯上，才可发光，并要有接地保护。

4. LED灯

LED灯的原理是利用发光二极管作为光源，进行装饰照明的灯具，有多种色彩可以选择。其最大优点是启动电压低，极为省电，多用于建筑立面轮廓照明，目前成本相对较高。

5. 光纤灯

光纤灯是利用发光机将光线通过光纤丝传送到物体表面，从而达到照明和装饰的目的。它可以做重点照明处理，也可以做装饰满天星效果，而且颜色可以来回变换，具有很强的时代感。适用于博物馆、珠宝店以及娱乐场所。

6. 其他光源

另外，还有高压汞灯、钠灯、氙气灯；适用于展览馆、博物馆照明的金属卤化物灯、卤素灯等。

三、灯具设计艺术欣赏（见图 4-2-2 ～图 4-2-24）

图4-2-2 反射槽灯间接采光1

(a)

(b)

图4-2-3 反射槽灯间接采光2

(a)

(b)

图4-2-4 豪华组合花灯

图4-2-5 具有现代感的立体构成组合花灯1

图4-2-6 具有现代感的立体构成组合花灯2

图4-2-7　竹编纸面艺术吊灯

图4-2-8　嵌入式船形嵌金采光花灯

图4-2-9　玻璃不锈钢管艺术吊灯

图4-2-10　嵌入式间接采光花灯1

图4-2-11　嵌入式间接采光花灯2

图4-2-12　嵌入式间接采光花灯3

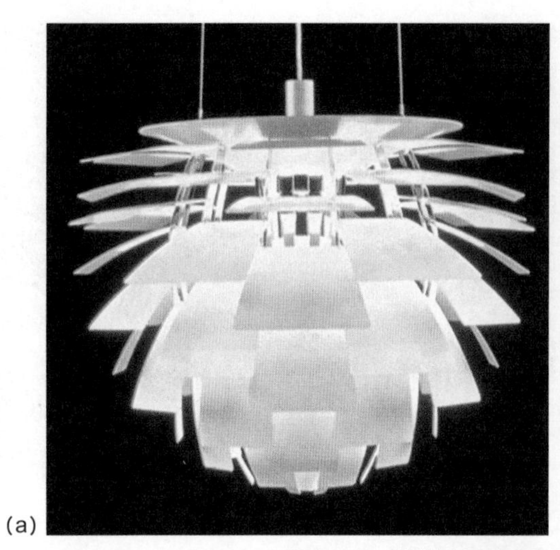
(a)

(b)

图4-2-13　设计光通合理且不眩光的吊灯结构造型

图4-2-14　台灯灯饰

图4-2-15　落地灯灯饰

图4-2-16　LED舞台灯灯饰

图4-2-17　LED楼梯灯灯饰

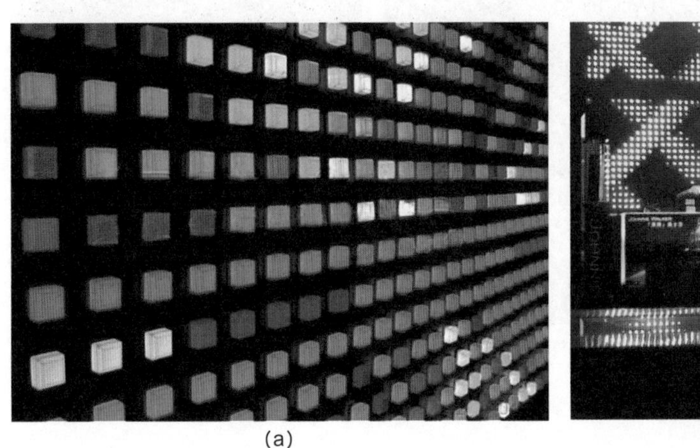
(a)

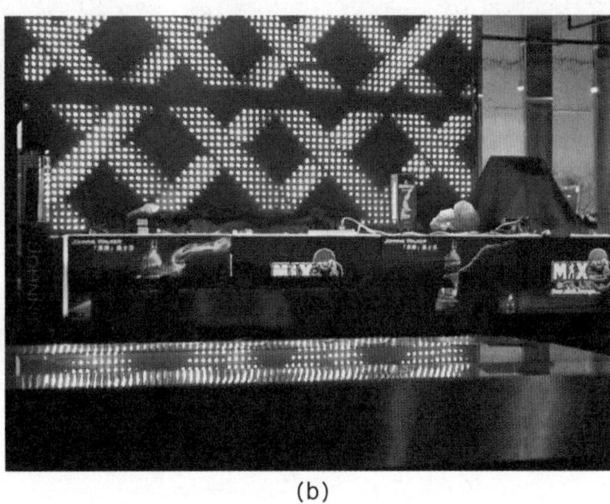
(b)

图4-2-18 LED室内墙面灯灯饰1

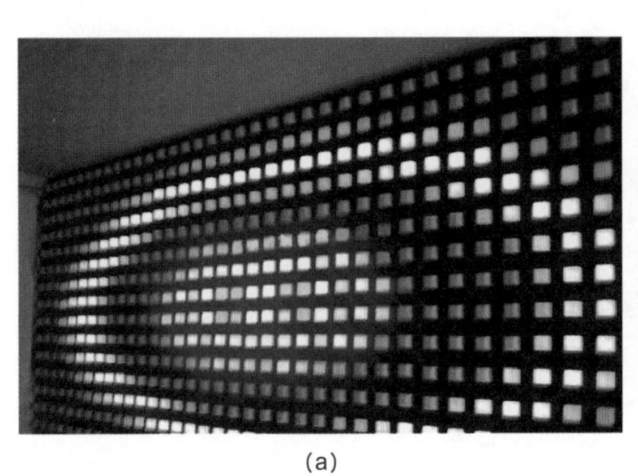
(a)

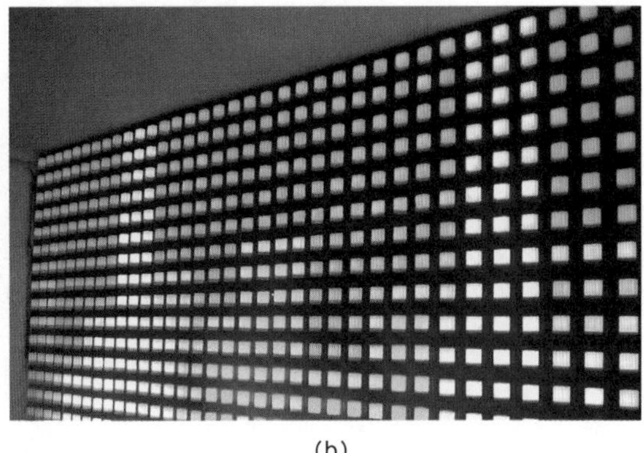
(b)

图4-2-19 LED室内墙面灯灯饰2

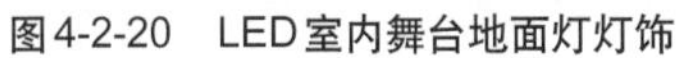
图4-2-20 LED室内舞台地面灯灯饰

(a)

(b)

图4-2-21 光纤顶面灯灯饰

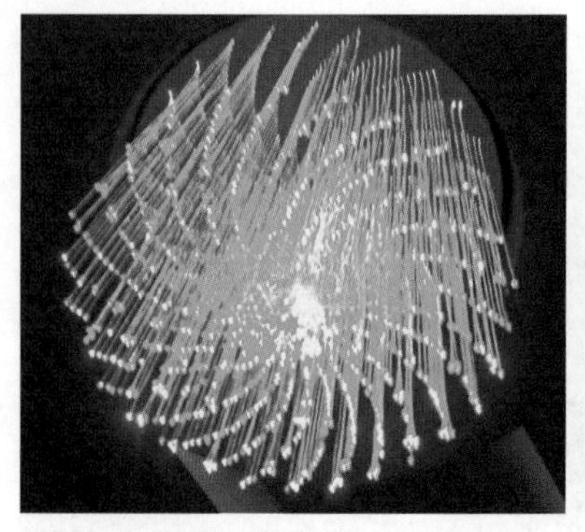

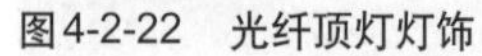
图4-2-22　光纤顶灯灯饰

图4-2-23　光纤顶灯灯饰

图4-2-24　光纤顶灯灯饰

⊙本章要点、思考和练习题

本章是从家具与人体工程学、光照与灯具设计两方面介绍室内设计的构件，介绍了家具材料、设计与人体工程学等家具艺术设计。家具与灯具是一种生活器具，具有实用功能和艺术功能，都能够很好地烘托空间气氛。灯具设计讲述了灯具分类和材料使用特点，设计照明光源的区别，使学生对家具和灯具设计与选择，有了一定的基本认识。

1. 简述室内家具设计的基本分类。
2. 室内复合家具材料主要有哪些？
3. 室内家具设计的实用性与艺术性表现有哪些？
4. 室内的灯具材料有哪几种？
5. 什么是直接照明、半直接照明和混合照明方式？
6. 室内灯具设计和照明艺术性表现是什么？

室内设计步骤与程序

第一节 室内构思概念的设计

一、设计的前期准备

室内环境艺术设计是一个理性的工作过程，正确的设计方法、合理的工作程序是顺利完成设计任务的保证。设计方法的研究、工作手段的完善是职业设计师的终身课题。下面主要介绍室内设计的具体步骤、程序和过程，如图5-1-1所示。

方案的设计要灵动地表达设计内容，要经过大量调查研究和积累，经过草图、推敲、论证、类比等，才能确定可实施的方案。

设计师接到任务之后就上板出图的情况是不多见的。设计人首先要考虑的是设计前的准备工作，即所谓准设计阶段的基础工作。所谓准设计阶段，指的是与设计有关，但尚未展开设计程序的工作阶段。要做的第一件事就是研究设计任务书，弄清设计内容、条件、标准等重要问题。在非常条件下，设计的委托方由于种种原因而没有能力提出设计委托书，仅仅只能表达一种设计的意向并附带说明一下自己的经济条件或可能的投资金额等，在这种情况下，室内设计师还要与委托方一起做可行性研究，拟订一份合乎实际需求的、双方都认可的设计任务书。拟订设计任务书，务必要与经济上的可能性连起来考虑，因为要求是无限的，而投资的可能性则往往是有限的。

在理解设计任务书时，主要基于两个方面思考：一是研究使用功能，了解室内设计任务的性质以及满足从事某种活动的空间容量。这如同器皿设计，先要了解所设计的器皿容纳什么物质，以便确定制作它的材料与方法；其次是对器皿的容量进行研究，以便确定体积、空间大小等数量关系。二是结合设计命题来研究所必需的设计条件，搞清楚设计的项目要涉及哪些背景知识，需要哪些有关的参考资料。在准设计阶段，资料收集工作往往占据了设计师的大量时间。

所收集的设计资料分为直接与间接两种。所谓直接参考资料指的是那些可借鉴、甚至可直接引用的设计资料。例如，根据设计任务书要求，需要满足某种特定活动空间，相应地收集人们对从事这种活动的人体尺度的研究成果。查阅《设计资料集成》一类的书籍，或用摄影手段去收集并研究人们在类似空间中的行为、习俗以及有倾向性的人流线路。借助这类资料来明确所要设计的空间的功能分区问题，如静、动，主、从关系。

为了尽可能少走弯路，还有必要收集大量的与所委托的设计性质相同或近似的设计实例。如分析其他设计师（包括前人）的成功经验与失败的教训，从中找到自己的出路。收集资料时，对大的空间关系的处理显然是居首要地位的。但是，对装修材料、构造方法，尤其是区别新型材料做法和典型的传统做法的差异是不可忽视的。在可能的情况下，对地面、墙体、天棚等建筑材料和照明、家具、纺织品、日用器皿等工业产品的品种从规格到单价都要有一个明确的列表，分出主要产品和样品。

所谓间接参考资料指的是那些与设计有关的文化背景资料。相对于前者，这类资料的收集要费力一些。人们对任何室内空间的要求都不是从天而降的，任何室内空间的产生都有其深远的历史背景和文化渊源。以剧场内部空间为例，从古希腊到今天已有了几千年，文化脉络不同，内部空间的要求也大相径庭。尊重历史地“回头看”对我们从事有文脉、有个性、有地方特色的室内空间是很有裨益的。

在现代社会里人们越来越不满足于所谓功能主义的室内空间了。每个民族都有其特殊的审美习惯、生活习俗、经济条件和所在地区的物产特色，设计师不可能用统一的模式来解决问题。因此，要真正做好某项设计，就得去理解所设计的内部空间的服务对象。间接资料的好处正在于它能帮助设计师加深这种理解，丰富设计者的文化修养。在准设计阶段不断地收集并消化设计资料，室内设计师的构思、立意就可能自然而然地产生。间接资料越多，资料的可靠性就越大，设计构思的依据就越充分。所以，资料工作是一项必不可少的工作。收集设计资料除了起到保障个别项目设计工作顺利进行的作用之外，它还有帮助设计师进一步完善自己的职业修养的作用。及时归纳、整理资料，分类明确、存放妥当很重要。初学者往往条理不够清晰，丢三落四，造成资料虽多，但无处下手查阅，这是在准设计阶段中最为忌讳的不良习惯。

准设计阶段的另一项重要的基础工作是对设计条件的考察与分析。常言道：“兵马未动，粮草先行”。为了彻底避免“巧妇难为无米之炊”的难堪设计局面，对做设计的条件反复进行考察是极为必要的。考察的第一项内容是施工水平。设计是靠施工环节来兑现的。设计构思再好，施工能力低下，只会适得其反。设计做得再合理，施工方面若一再延误工期，造价可能就会提高。如果对施工环节放任自流，定然会造成全面的损失，最后弄得面目全非，劳民伤财。实践多次证明，设计者的能力是有限的。施工的开始并不意味着设计工作的结束，还有大量的制作工艺问题；设计内容也要根据施工情况做必要的修改与调整，这些实际问题势必要求设计人员深入现场与施工部门去协商，并优选出最佳解决方案。若施工水平高，设计意图则贯彻得准，不但能避免失误，还可能给设计增色。

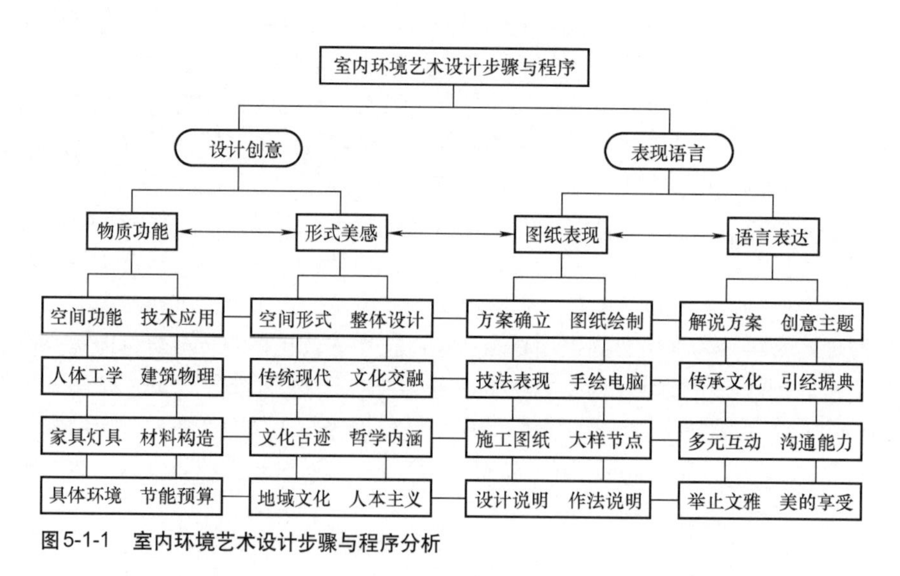

图5-1-1　室内环境艺术设计步骤与程序分析

总之，在准设计阶段所做的基础工作能帮助设计师认识清楚任务性质与工作条件，预先了解“该做什么、能做什么”这类现实问题。此后，设计师才能按现实的可能性展开设计程序。

二、方案的概念设计

1. 设计思考

大家都知道，室内装修环境设计是建筑设计的延续深化和发展的过程，在我国现阶段装修设计一般要经过室内装修创意方案设计、扩初设计、施工图设计三个基本阶段。是从建设单位拟定设计任务书（具体设计要求或招投标文件），一直到交付施工单位进行施工的全过程。这三部分在相互联系、相互制约的基础上有着明确的责任关系。

（1）在创意方案设计阶段，设计师就思考着用什么材料与构造表现场景，怎样才能表达出创意效果。一般汇报介绍方案时，除系列方案图之外，还常附有材料设计一览表和物料样板（实样），重点工程还制作多媒体或动画演示介绍方案等。这一阶段对整个室内装修设计起着开创性的指导意义，也是对整体室内设计方案的全面、概括的理解、认识。

（2）当基本确定设计方案时，就要进行扩初设计了。它是在装修创意方案设计的基础上，逐步落实材料、技术、经济等物质方面的现实可行性，是将设计意图逐步转化为现实的重要阶段。需要与建筑、结构、设备等专业碰头协商结构问题和构造技术等方面的设计定位，没有大的问题时，方可进行下一步工作。也可提出补充材料与构造节点大样图，供相关专业协调一致，同步进行。

（3）施工图设计阶段。室内设计作为工程装修龙头专业，首先是将作业图（平面图、立面图、剖面图及主要的材料构造图）提供给各个专业，进行施工图阶段设计。这一阶段，设计师必须仔细认真地画好每一个构造大样图。应当说室内设计在这里不同于建筑设计，建筑设计标准图相对规范一些，而装修设计整套施工图，因为可依的标准图甚少，且每一项工程都有所不同，需要更多的材料与构造设计大样图纸及做法说明。从某种意义上说，室内设计就是材料与构造细部设计。

2. 方案创意

把握设计意图，准确清晰表达。当设计师在进行室内空间环境创意设计时（也称二次设计），要充分解读设计环境和设计创意亮点的体现，如图5-1-2 ~图5-1-19所示。

图5-1-2　销售大厅空间入口创意

图5-1-3　餐厅室内空间创意

图5-1-4　餐厅室内空间创意

图5-1-5　卫生间室内空间创意

图5-1-6　接待厅室内空间创意

图5-1-7　接待厅室内空间创意

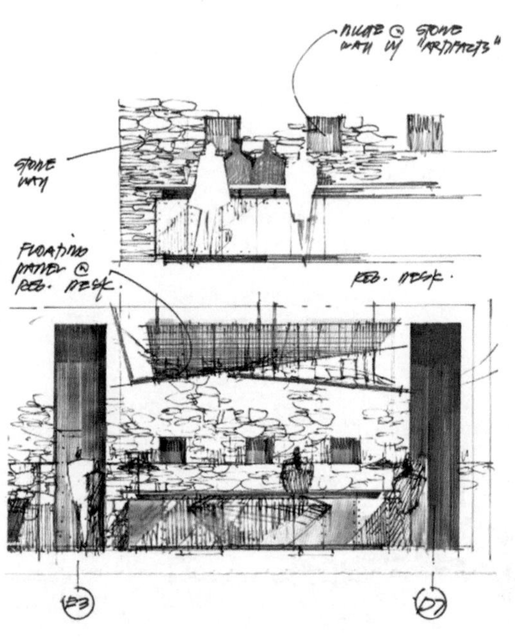

图5-1-8　服务台室内空间创意草图

图5-1-9　服务台室内空间创意草图

(a)

(b)

图5-1-10　餐厅室内空间创意草图

图5-1-11　表演艺术中心概念设计

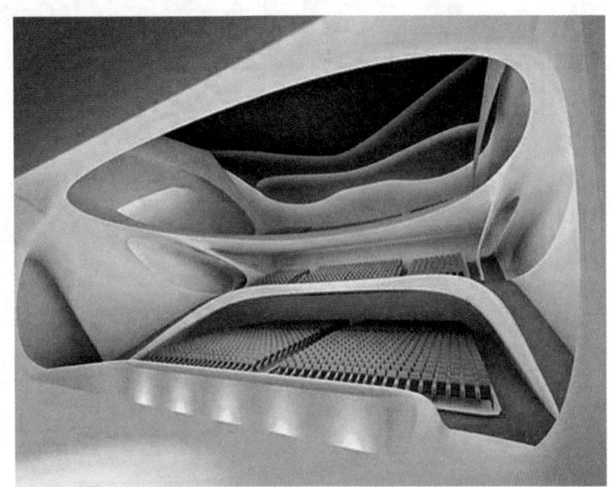
图5-1-12　表演艺术中心概念设计

（1）使用功能。即人的使用功能因素全面考虑进去，这里是根据具体的环境、位置与具体的地域特点来做综合的设计。既要体现人的使用习惯，又要考虑美感因素的把握。设计文化也就是将风土人情、地域特色融入使用功能之中。

（2）文化传承。每一个地区都有本地区的文化、素材材料和做法习惯。当你把这些素材融入材料与构造设计当中时，就会感到很贴切，耐人寻味。这就达到了材料选择、构造技术与人文文

图5-1-13　表演艺术中心概念设计

图5-1-14　度假酒店四季厅概念设计

化的完美结合。

(3) 构思的真实体现。室内设计正是将设计师描绘的蓝图，通过技术手段，真实地奉献给人们，为人们创造出一种舒适的生活、工作和学习环境。

图5-1-15 家具展示艺术中心概念设计

图5-1-16 大剧院过厅概念设计

图5-1-17 地铁站候车厅概念设计

图5-1-19 门厅空间主题概念设计

图5-1-18 楼梯灯光与色彩概念设计

三、方案的程序设计

1. 工作程序

室内环境设计是建筑设计的延续、深入和发展，因而涉及面很广泛。在我国现阶段基本上是要经过方案设计——扩初设计——施工图设计三个阶段进行。近几年随着我国与国际接轨，已经基本完善了计算机辅助设计，这样大大减少了重复的工作量。用3Dmax渲染软件进行方案设计，丰富了建筑艺术创作领域，既快捷又清晰，这也是我们今后的发展和研究方向。

计算机辅助设计效果图，在开始阶段室内建筑师主要是同建设单位人员对环境进行分析，研究环境因素，了解使用者的意图、投资情况等，收集有关资料、数据加以综合考虑。而对于手绘设计效果图，一般手绘效果图表现有钢笔淡彩、马克笔、水粉、喷绘等表现方法，或者混合使用，可不拘一格地表现，发挥其表现艺术魅力，以快速表达设计意图。绘制出基本平面布局、效果图（亦称渲染图、透视图、预想表现图等），共同与建设单位、主管部门确定方案。同时做出方案概算造价量，提供主要材料样板。还要与其他专业通气、商讨，尤其是电气专业（弱电）以及设备专业（给水与暖通）。

2. 扩初设计

扩初设计是在确定方案之后的扩大初步设计，进行可行性研究，所以扩初设计应是更深入地平面、立面、剖面图设计，它是为下一步实施做充分的准备。应与城市消防、卫生、供电、供水等部门深入研究确定，并将调整后的方案设计图提供给相关专业，以同时协调地进入下一步工作程序。方案确定后，就确立了实施的综合条件，就可以将平面图、立面图、剖面图及构造大样图图纸深化，进行施工图设计了，如图5-1-20 ～图5-1-23所示。

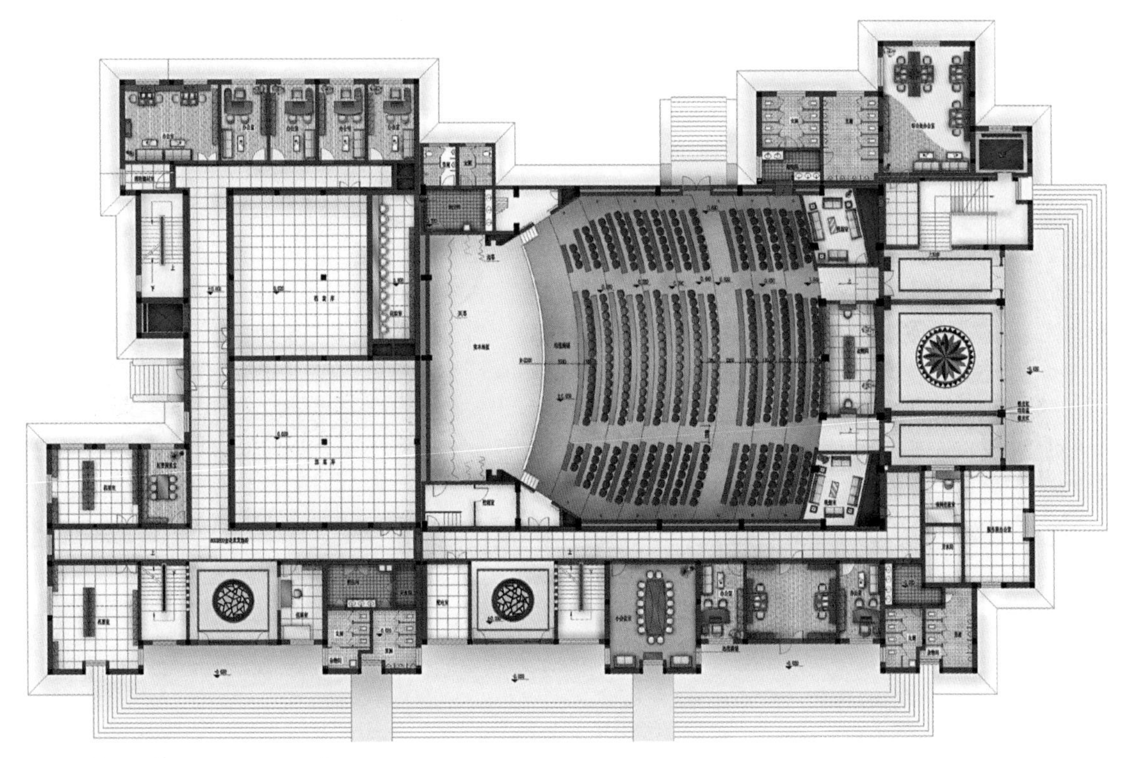

图5-1-20 剧院一层、二层平面图

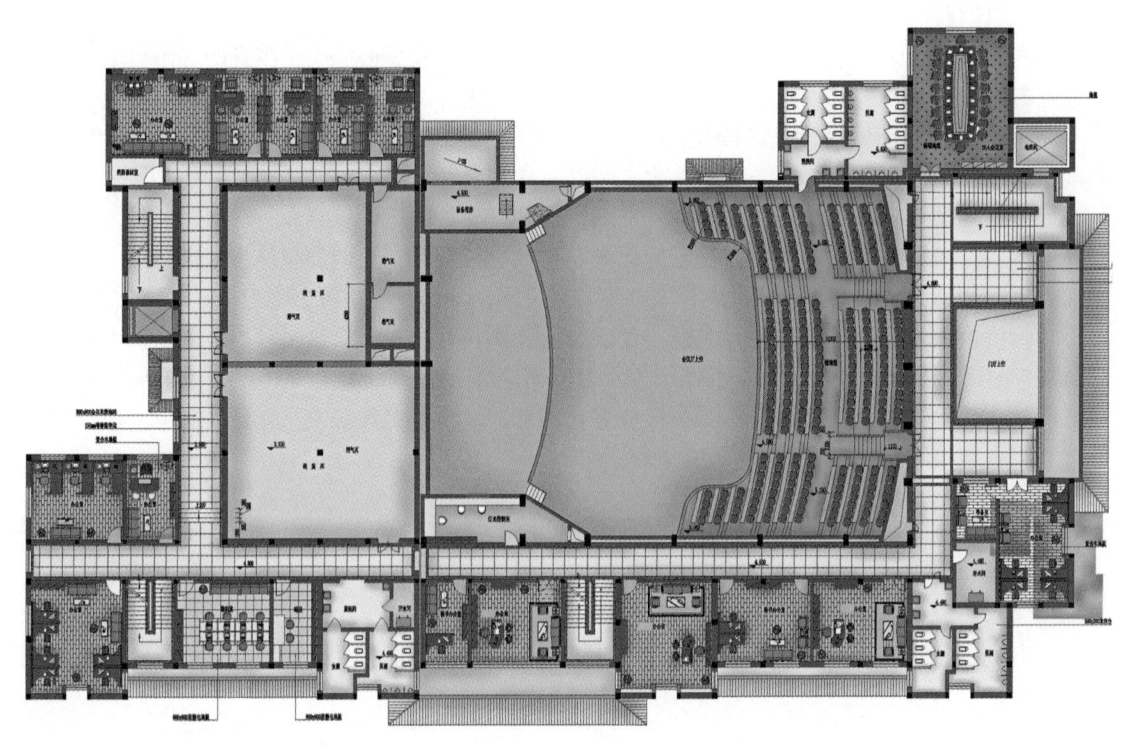

图5-1-21 剧院一层、二层平面图

图5-1-22 门厅效果图

图5-1-23 会议室效果图

第二节 室内施工图的设计

施工图即建造实施图的设计，它不同于方案设计，不能任意画，必须严格按照实际比例和尺寸，严格按照国家颁布的设计制图规范进行。墨线线条应粗细分明、清晰完整，并有详细的设计说明、做法说明、构造大样图和造价预算等，使施工人员能看懂弄清具体做法。然后送交工程总负责人、总建筑师等校对、校核、审定。至此，施工图设计工作基本完成。然后与甲方（建设单位）、乙方（施工单位）共同交底后方可开工，并在整个工程实施过程中负责监督和验收。

一、设计标准与规范等

装修材料（见图5-2-1）。

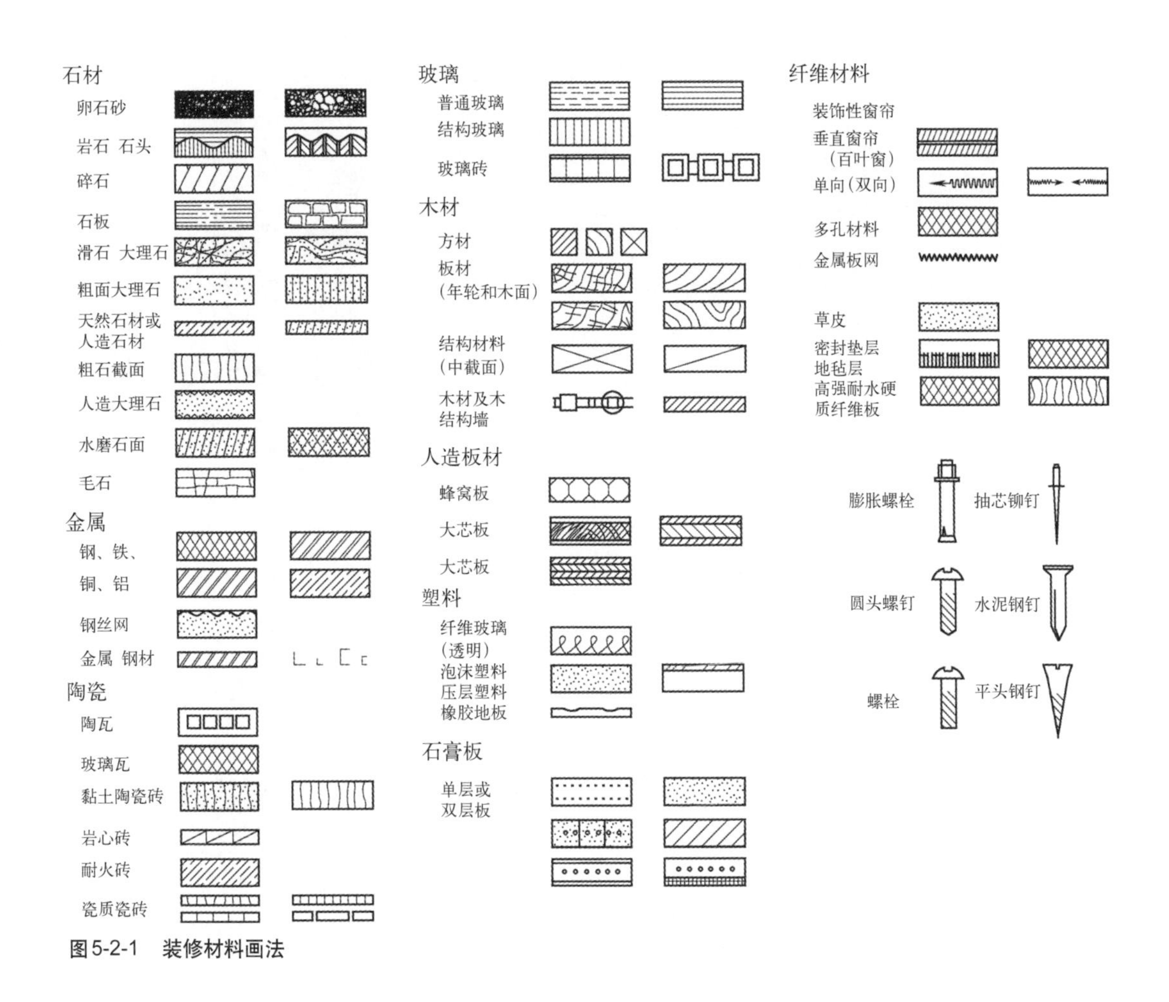

图5-2-1 装修材料画法

二、施工图平、立、剖面图

平、立、剖面图图例（见图5-2-2 ～图5-2-11）。

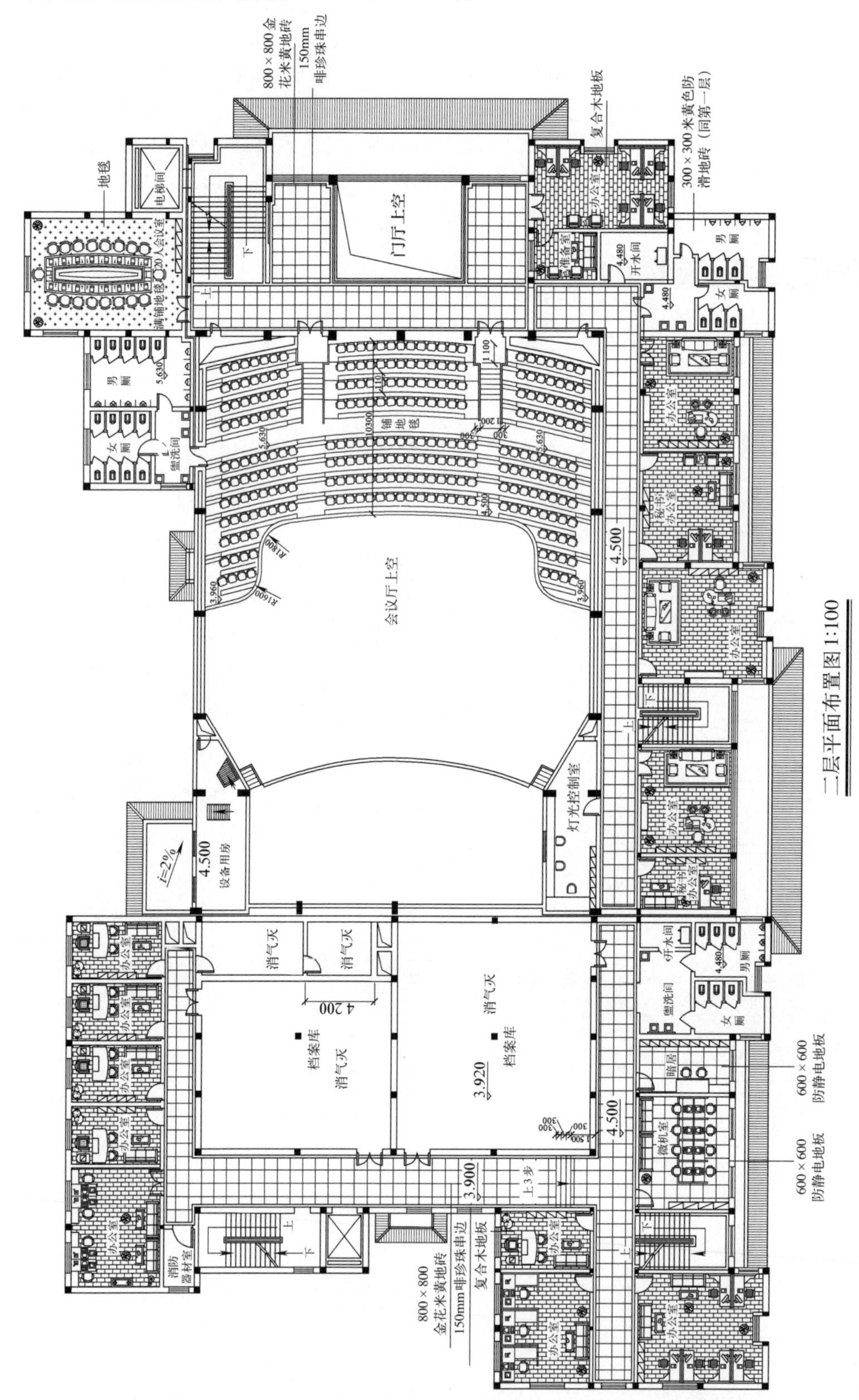

图5-2-2 剧院一层平面图

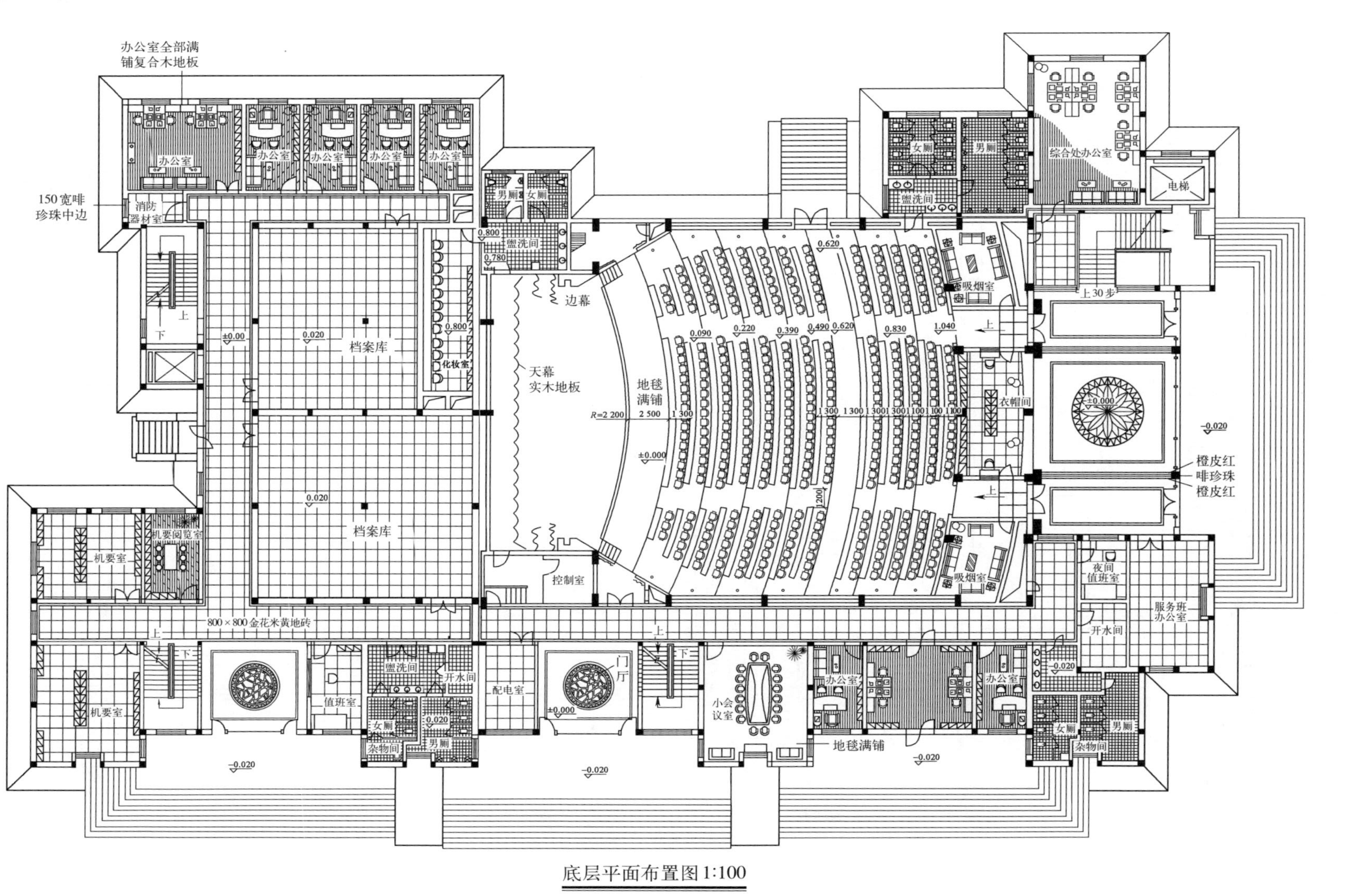

图5-2-3 剧院二层平面图

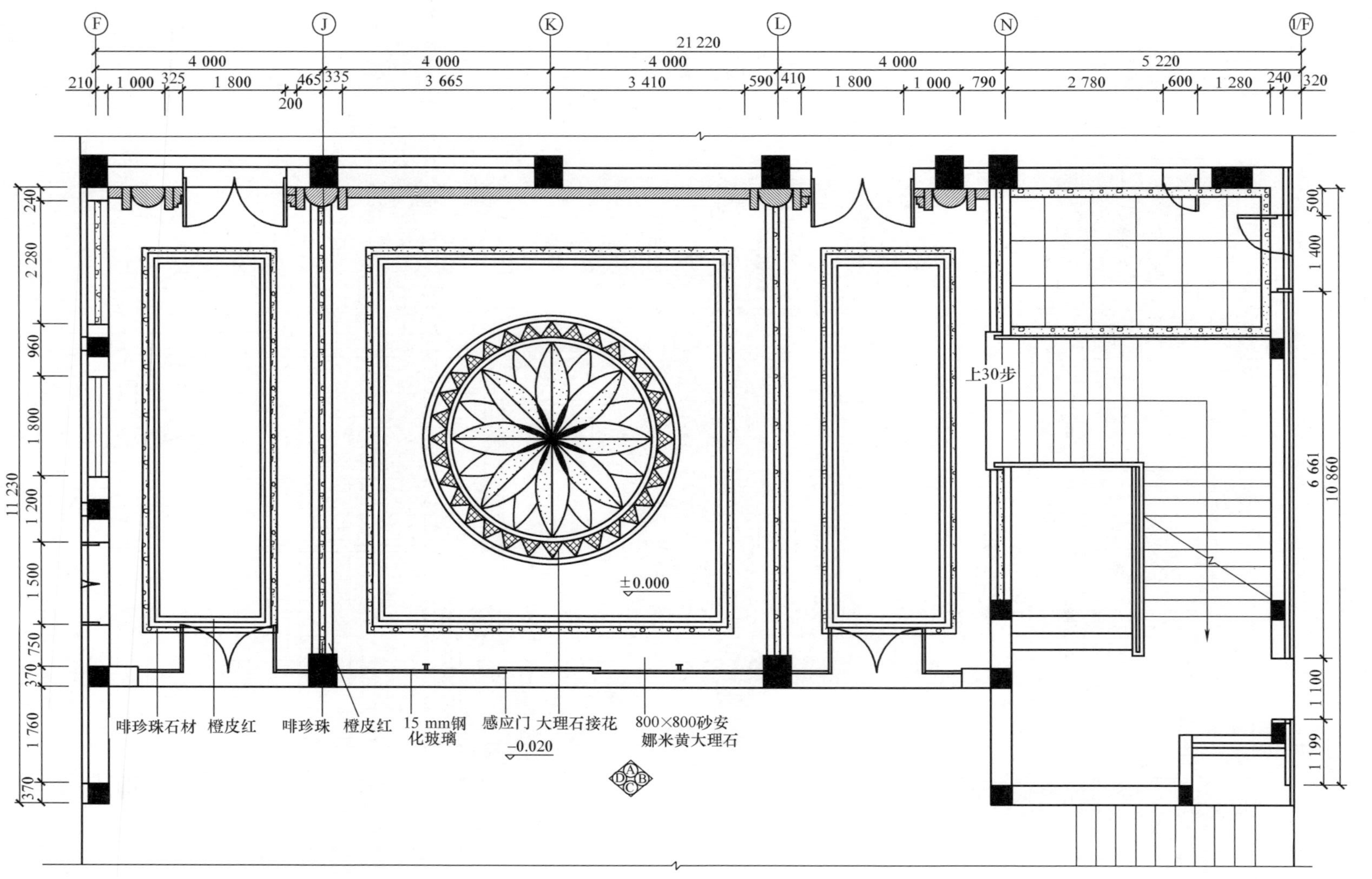

21 220
4 000
5 220
啡珍珠石材
橙皮红
啡珍珠
橙皮红
15 mm钢化玻璃
感应门
大理石接花
800×800砂安娜米黄大理石
±0.000
−0.020
上30步
11 230
10 860
门厅平面图 1:50

图5-2-4 门厅平面图

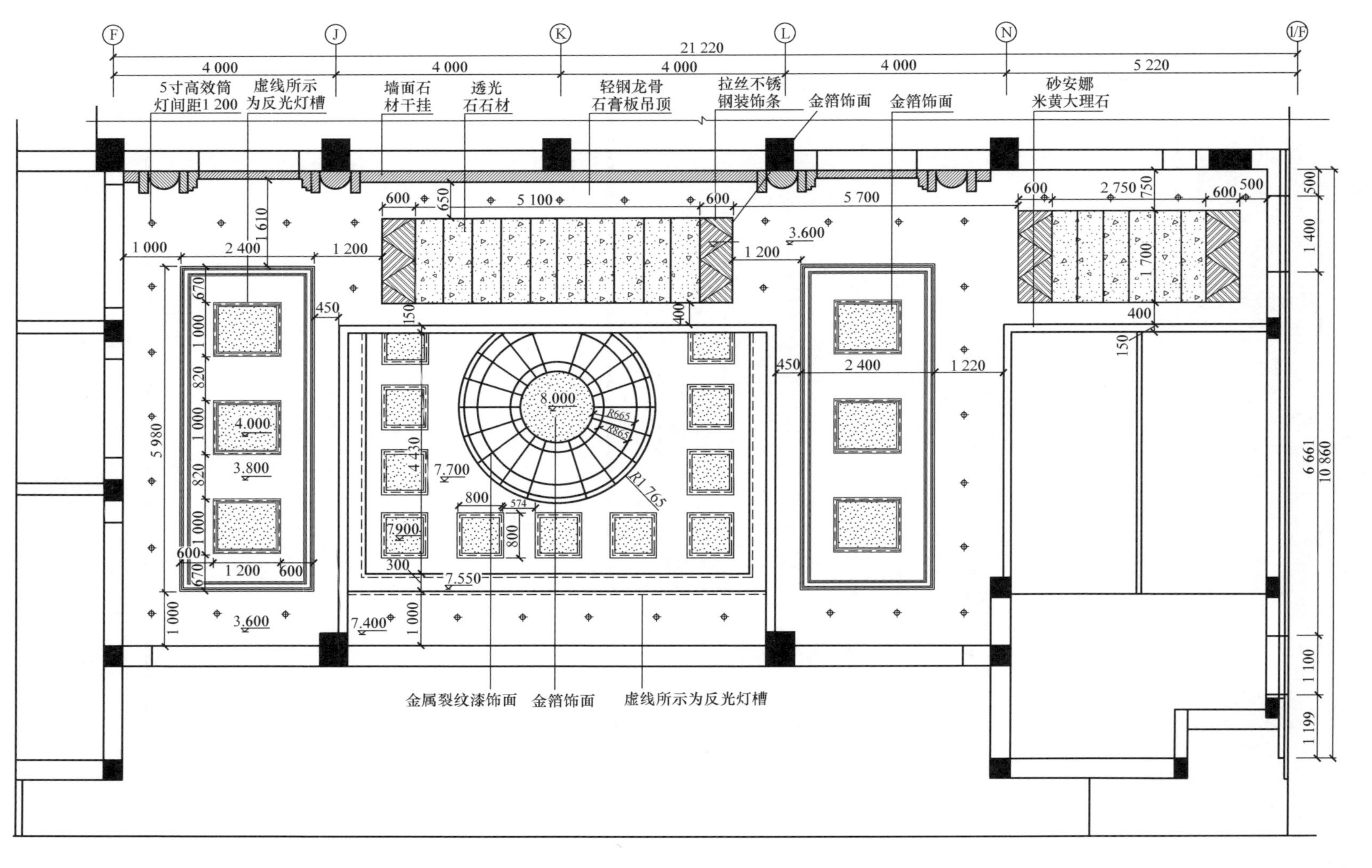

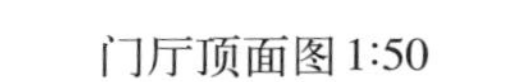

图 5-2-5　门厅吊顶平面图

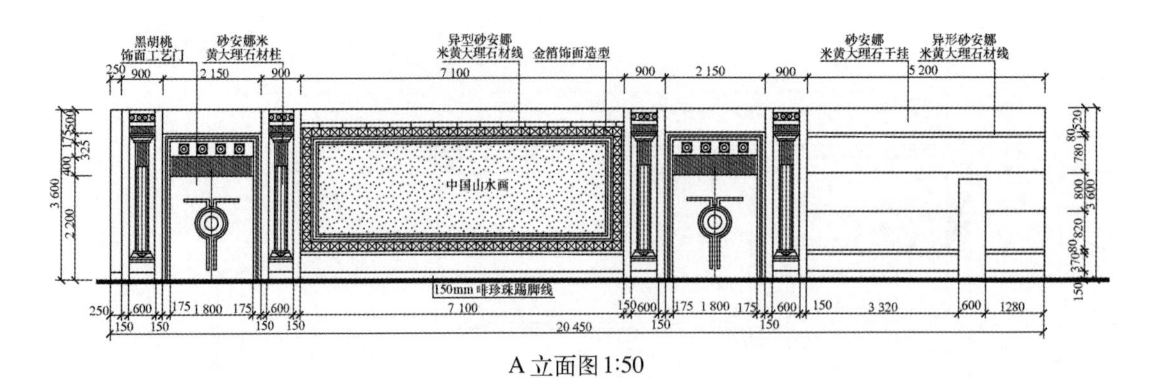

图 5-2-6 门厅 C 立面图

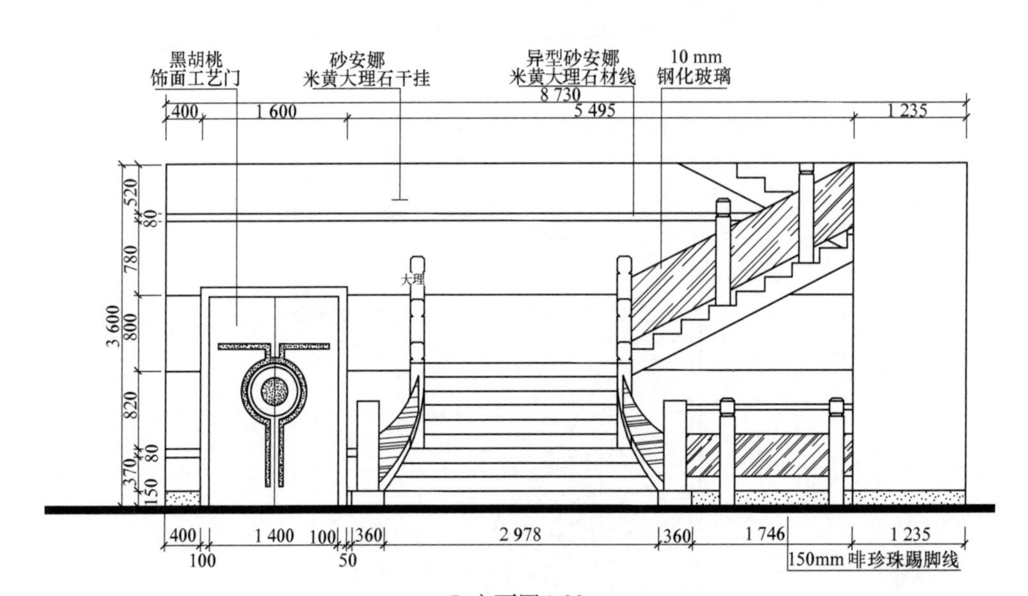

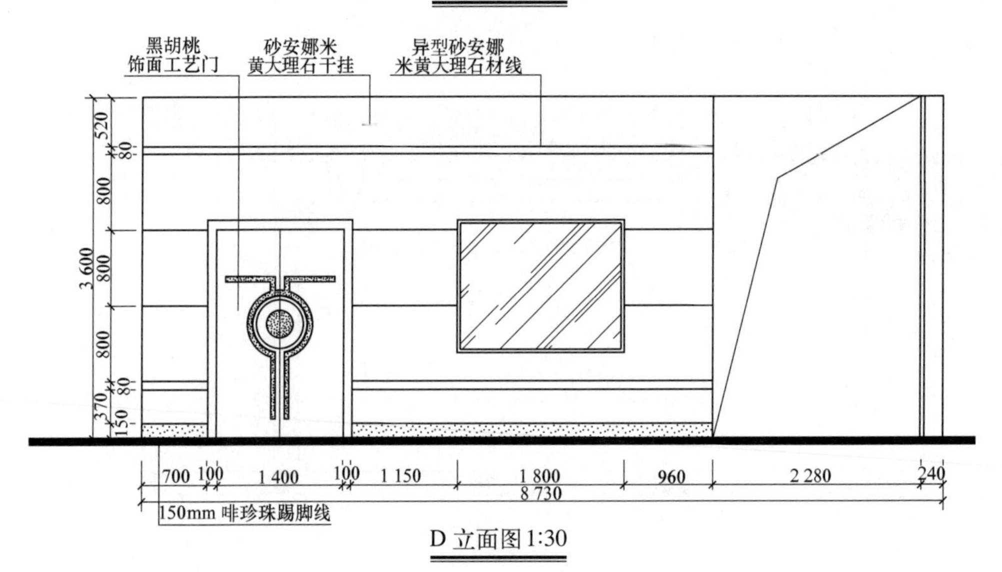

图 5-2-7 门厅 B、D 立面图

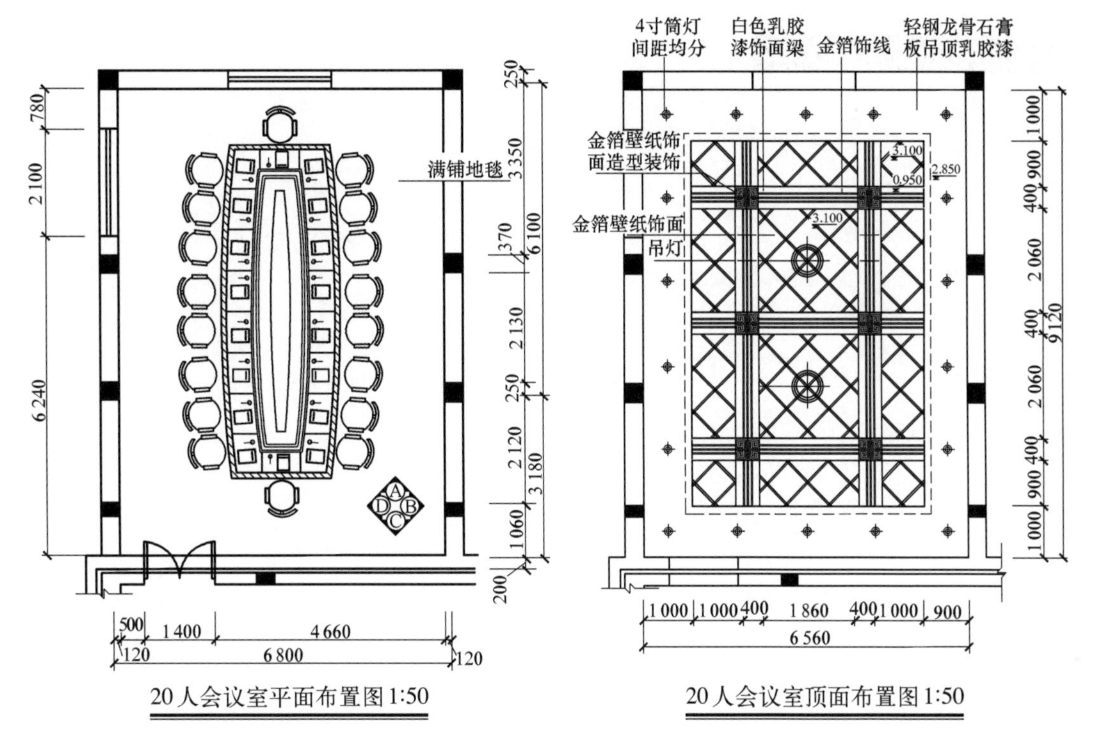

图5-2-8　会议室平面图

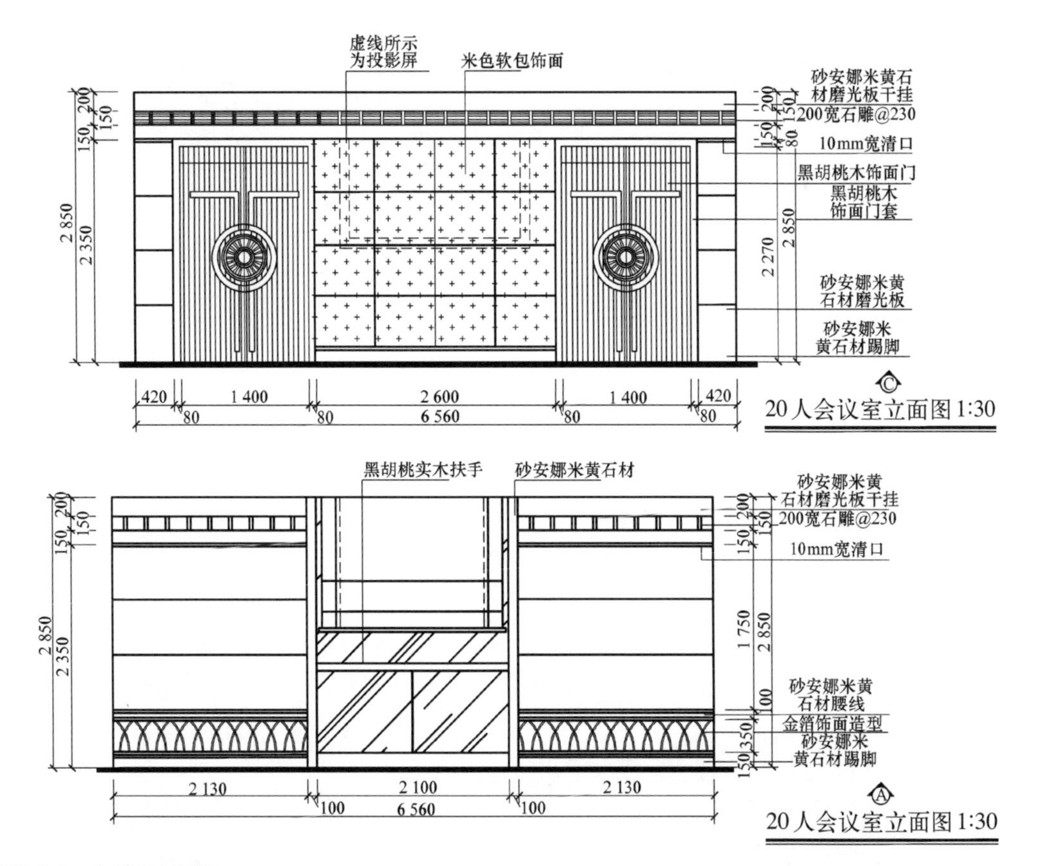

图5-2-9　会议室立面图

三、施工图构造大样

构造图例

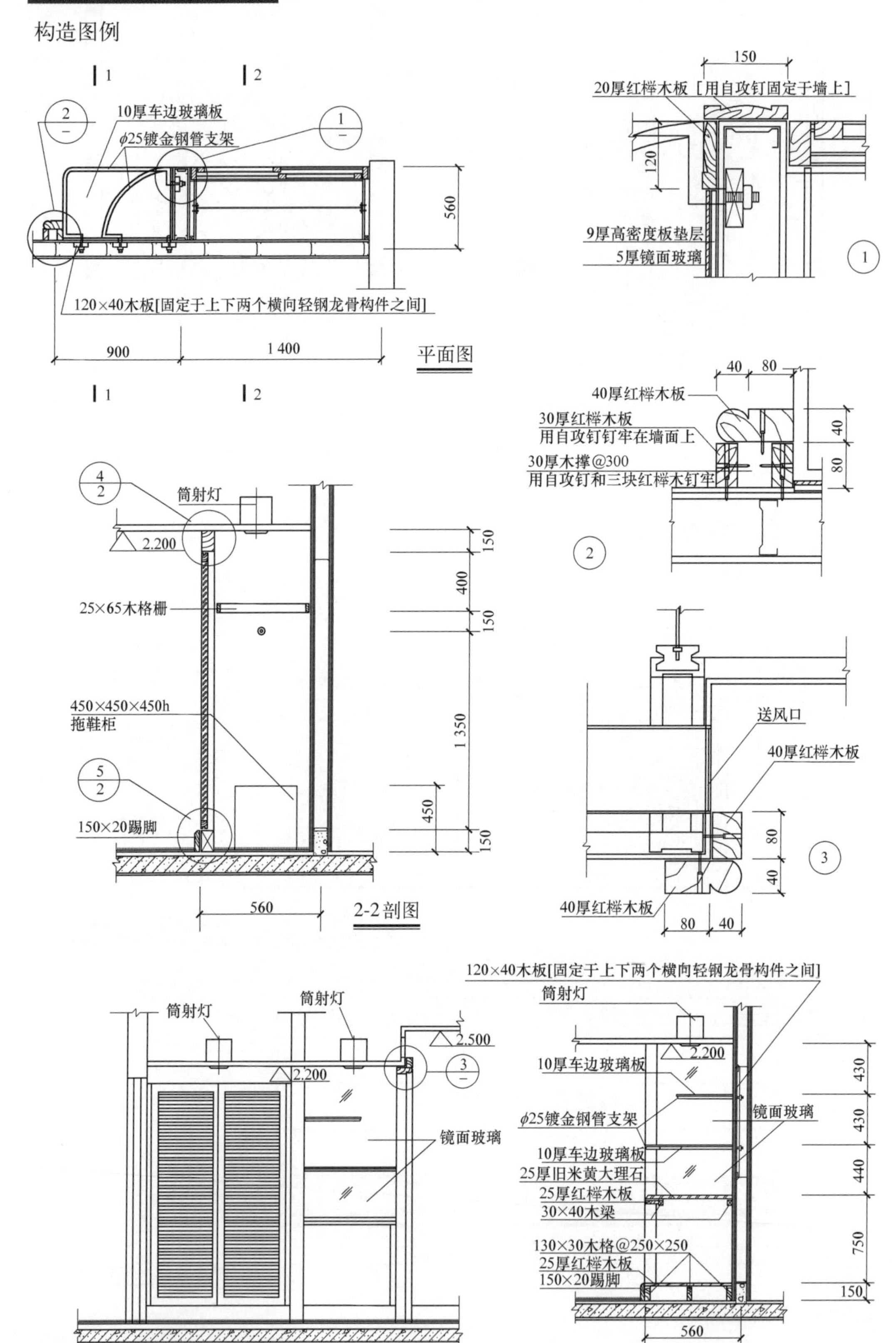

图5-2-10 构造详图

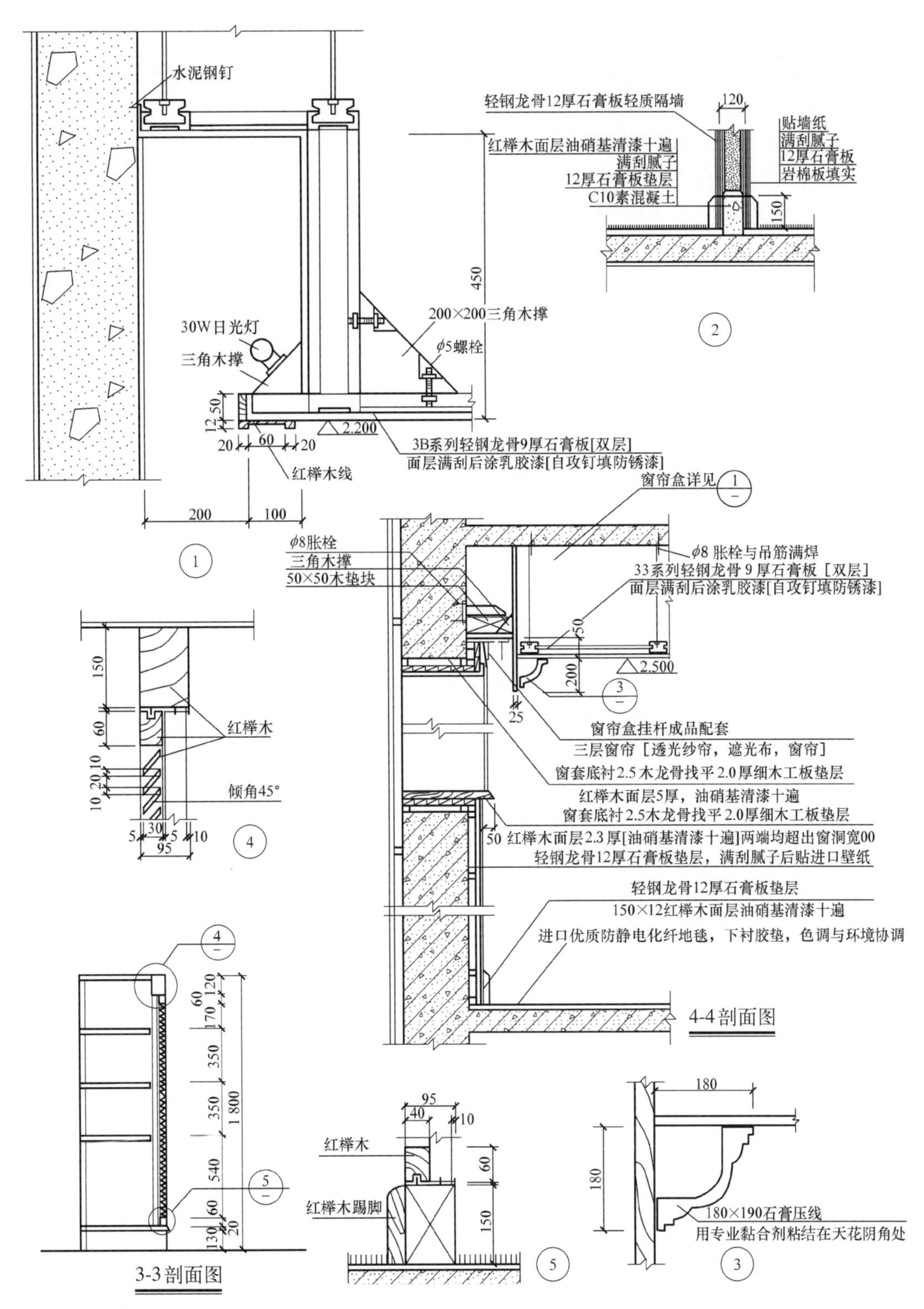

水泥钢钉
30W日光灯
三角木撑
200×200三角木撑
ϕ5螺栓
450
2.200
3B系列轻钢龙骨9厚石膏板[双层]
面层满刮后涂乳胶漆[自攻钉填防锈漆]
红榉木线
200
100
1
轻钢龙骨12厚石膏板轻质隔墙
120
红榉木面层油硝基清漆十遍
满刮腻子
12厚石膏板垫层
C10素混凝土
贴墙纸
满刮腻子
12厚石膏板
岩棉板填实
150
2
窗帘盒详见
ϕ8胀栓
三角木撑
50×50木垫块
ϕ8 胀栓与吊筋满焊
33系列轻钢龙骨 9 厚石膏板［双层］
面层满刮后涂乳胶漆[自攻钉填防锈漆]
2.500
窗帘盒挂杆成品配套
三层窗帘［透光纱帘，遮光布，窗帘］
窗套底衬2.5木龙骨找平2.0厚细木工板垫层
红榉木面层5厚，油硝基清漆十遍
窗套底衬2.5木龙骨找平2.0厚细木工板垫层
红榉木面层2.3厚[油硝基清漆十遍]两端均超出窗洞宽00
轻钢龙骨12厚石膏板垫层，满刮腻子后贴进口壁纸
轻钢龙骨12厚石膏板垫层
150×12红榉木面层油硝基清漆十遍
进口优质防静电化纤地毯，下衬胶垫，色调与环境协调
4-4剖面图
红榉木
倾角45°
4
3-3剖面图
红榉木
红榉木踢脚
5
180
180×190石膏压线
用专业黏合剂粘结在天花阴角处
3

图5-2-11 构造详图

⊙本章要点、思考和练习题

本章从设计前的准备、方案构思概念、扩初设计和施工图的设计，介绍了设计步骤与程序，并叙述了设计标准与规范以及施工图构造大样等画法。

1. 室内设计工程的基本步骤有哪些？
2. 室内设计如何做设计前的准备工作？
3. 室内设计的施工图应遵循哪些原则？
4. 室内设计的施工图设计的制图方法有哪些？

室内设计技法与设计实践

第一节　室内手绘艺术设计

一、手绘工具及技法

（一）手绘目的

手绘艺术效果图是室内设计方案的一种表达、表现形式。用手绘的方法绘制效果图，是一种简便、快捷的绘图方法。但是这种方法要求绘图者要具有较高的绘画水平，对尺度感要有相当敏锐的捕捉能力，所表现出来的设计方案作品应具有艺术感染力。这是手绘艺术效果图的基本特点。

室内设计方案效果图的表现，首先需勾画出室内空间方案设计布局的草图，确定方案后在预先裱好的纸面上起草轮廓，然后着色进行有步骤的绘画表达。

绘制室内空间效果图时，应根据透视基本方法、原理，画出准确的空间透视角度、物体关系，并经过视觉的调整，达到视觉上的舒适，方能着色直至细部刻画，营造出你所表现的室内空间氛围效果。

透视的种类与成图方法较多，在室内设计空间效果图中，应掌握常用的平行透视、成角透视和鸟瞰透视（即一点透视、两点透视和三点透视）的画法。室内空间设计效果图要体现各自室内设计空间特点，即室内空间环境气氛的创造是很重要的。气氛的创造直接影响方案设计的最终效果。因此，要留意观察、体会其表现方式方法。在此基础上运用艺术的表现手法，来进行预想效果图的绘制工作。

效果图表现技法的种类也很多，每一种技法都有其特点：如水彩画的淡雅、色彩的清丽，水粉画的浓艳、覆盖力强，钢笔画塑造形体的准确性，马克笔的潇洒、干练等。设计时需要根据室内空间方案设计的对象与场合，进行适当选择。一般来讲，喧闹的公共建筑场所，可以用奔放的技法表现生意兴隆，热闹景象；购物中心、舞厅等需要用对比强烈的色彩来表现现代节奏和时尚空间；而药店、书店等精品屋等，就需要用细腻的技法和协调统一的色调来表现安静优雅的舒适空间。

（二）手绘工具

“工欲善其事，必先利其器。”在绘制效果图的所有准备工作中，往往把选择合适的工具与材料放在首位。杂乱的桌面、微弱的光线以及摆放位置不适的工具等，都会给绘画带来麻烦，这样既耽误时间，又感烦躁疲劳，很难想象人们在如此的环境中能画出令人满意的效果图来。在很大程度上，清洁明亮、整齐有序的绘画环境比之工具与材料更显得重要。

对于初学者来说，往往盲目迷信工具与材料，似乎工具越昂贵、种类越齐全，画出的效果图就越好。殊不知同样的一支笔，也许在他人手里能自如表现，而自己却不能为之。所以，对于工具与材料的选择，一定要符合自身的条件，初学时只要备齐最基本的工具就可以了，下面对效果图表现的基本工具作一简述。

1. 用笔

在笔类的选配中，硬笔（铅笔、钢笔）一般没有太多的讲究，无非是其新旧与质量的好坏而已。而软笔（毛笔与板刷）的选配则很有学问，需要根据效果图的种类与风格，选择所需的笔。一般羊毫笔，蓄水量大、柔韧性好，适于渲染和不露笔痕的细腻画法，如白云笔和水彩笔。狼毫笔硬挺、弹性好，适于笔触感强的粗犷画法，以油画笔和棕毛刷为代表。水粉笔介于两者之间，如叶筋笔、衣纹笔等专门用于勾画线条，为毛笔与台尺结合使用的方法。

2. 颜料

颜料主要分两大类：一类为不透明色，以水粉为代表，有瓶装和袋装两种，其中袋装的质量较好；另一类为透明色，以透明水色和水彩为代表。透明水色有本册装与瓶装两种，多为12色。本册装水色使用时可裁成方纸片，一般12色贴于一纸以便于调色，此种水色其颗粒极细，色分子异常活跃，易于流动，但对于纸面的清洁要求比较高，起稿时不要经常用橡皮擦，否则易出擦痕。水彩颜料多为12色或24色锡袋装，其中以块装水彩颜料质量为最好。

另外还有几类，如马克笔，马克笔分油性和水性两种。当然还有多种颜料来表现效果图，如国画颜料、丙烯颜料、色粉画等，都可以作为表现效果图的基础颜料来表现效果图。

3. 用纸

纸的种类很多，从绘画的角度来讲，选择纸时，应考虑到它的吸水性。其吸水性越强，画面感觉越飘逸、潇洒、柔和；吸水性越弱，画面的对比越强烈，色彩也越鲜亮明丽。应根据画面的需要进行恰当的选择。

4. 台尺

台尺（也叫槽尺或界尺），是颜料勾画线条不可缺少的工具之一。虽然鸭嘴直线笔也是勾画线条的理想工具，但因为每次填入的颜料较少且易干，其绘制速度较慢，远不如台尺方便，只是台尺的使用需要有一定的技巧，否则线条不易平直挺拔。

（三）手绘技法

一般手绘艺术效果图有以下几种技法：水粉技法、水彩技法、彩色铅笔技法、钢笔技法、马克笔技法、喷绘技法等，有时可多种技法混合使用。

1. 水粉技法

水粉色的表现力强，色彩饱和浑厚、不透明，具有较强的覆盖性能，以白色来调整颜料的深浅度，其用色的干、湿、厚、薄等表现技法能产生不同的艺术效果，适用于各种空间环境的表现。使用水粉色绘制效果图，绘画技巧性强，由于色彩的干湿变化大，湿时明度较低，颜色较深，干时明度较高，颜色较浅，掌握不好易产生“怯”“粉”“生”的毛病。

绘制效果图时，可先从其暗部画起，用透明色表现。一般画面中物体明度较高的部位，用透明色表现效果较佳。刻画时要按素描关系表现物体的形象，注意留出高光部位。

再用水粉色铺画大面积中性灰色调的天顶与地面，画时适当显见笔触，这样，会加强其生动的视觉效果。

最后进行进一步刻画，用明度较重及纯度较高的色彩表现画面中色调的层次和点睛之笔。

2. 水彩（透明）技法

水彩颜色淡雅、层次分明、结构表现清晰，适于表现结构变化丰富的空间环境。水彩的色彩明度变化范围小，画面效果不够醒目，作画费时较多。水彩的技法表现有平涂、叠加及退晕等形式。

用水彩表现效果图时，可先淡后深，先亮后暗，分出大的体面、色块，采用退晕和干、湿画法并用的形式，色彩表现要淡、薄，注意留出其亮部的转折面和造型轮廓。

透明水彩的颜色明快鲜艳，比水彩色更为透明清丽，适于快速的表现技法。由于透明水彩涂色时叠加渲染的次数不宜过多，而色彩过浓则不易修改等特点，一般多与其他技法混用。如钢笔沟线淡彩法、底色水粉法等。透明水彩在大面积渲染时要将画板适当倾斜。此种技法表现工具简单，操作方便，画面工整而清晰，一般有下面两种表现手法。

（1）用碳素钢笔或墨水笔画好工整的线稿，待干后直接在墨水稿上渲染水彩色，以平涂法分出大的色彩块面。

（2）用铅笔画出工整的线稿，再用水彩平涂法分出大的色彩块面。

画局部也宜用平涂法。如果是铅笔线稿，则待画面干后再用直尺和针管笔将线条再勾勒一遍。天棚、家具、门窗等可用马克笔表现，使色彩更丰富、协调。

3. 彩色铅笔技法

彩色铅笔是效果图技法中常见的一种形式，彩色铅笔这种绘画工具较为普通，其技法本身也较易掌握，因其绘制速度快，所以空间关系能够表现得比较充分。

黑白铅笔画，画面效果典雅，彩色铅笔画，其色彩层次丰富，刻画细腻，易于表现空间轮廓造型。色块一般用密排的彩色铅笔勾画，利用色块的重叠，产生出更为丰富的色彩，也可用笔的侧锋在纸面平涂，涂出的色块由规律排列的色点组成，不仅速度快，且有一种特殊的类似印刷的效果。

4. 钢笔技法

钢笔质坚，线条表现流畅，画风严谨细腻。在透视图的表现中，除了用于淡彩画的实体结构描绘外，也可单独使用。细部刻画和面的转折都能做到精细准确，一般多用线与点的叠加表现室内空间的层次。

5. 马克笔技法

马克笔分油性、水性两种类型，具有快干、不需用水调和，着色简单，绘制速度快等特点。马克笔的表现风格豪放、流畅，类似草图和速写的画法。一般要选择水性的，而且要选择各色系的灰色系列为好，有利于表现画面的丰富层次。

马克笔色彩透明，主要通过各种线条的色彩叠加取得较为丰富的色彩变化。绘出的色彩不易修改，着色过程中需注意着色的顺序，一般先浅后深，马克笔的笔头是用毛毡制成的，具有独特的笔触效果，绘制时要尽量利用这一特点。

马克笔在吸水与不吸水的纸上会产生不同的效果。不吸水的光面纸，色彩相互渗透，形成五彩斑斓的效果；吸水的毛面纸，色彩易干涩，绘画时可根据不同的需要选用不同的纸。

6. 喷绘技法

喷绘技法表现的画面细腻、变化微妙、有独特的表现力和真实感，是与画笔技法完全不同的一种表现形式。它主要以气泵压力经喷笔喷射出细微雾状颜料，以轻、重、缓、急的手法，配合专用的阻隔材料，遮盖不着色的部分进行作画。

上面介绍了几种绘制效果图的技法，但在实际绘制室内效果图时，往往需要多种技法的配合使用，共同来表现效果图设计艺术。

二、手绘艺术表现（见图 6-1-1 ～图 6-1-26）

（a）（张　君 绘）

（b）（宋丽斌 绘）

图6-1-1　色纸彩铅笔效果图

（a）

（b）

图6-1-2　彩铅笔效果图

图6-1-3　彩铅笔效果图

图6-1-4　彩铅笔效果图

(a) (b)

图6-1-5 彩铅笔效果图

(a) (b)

图6-1-6 彩铅笔效果图（吴立成 绘）

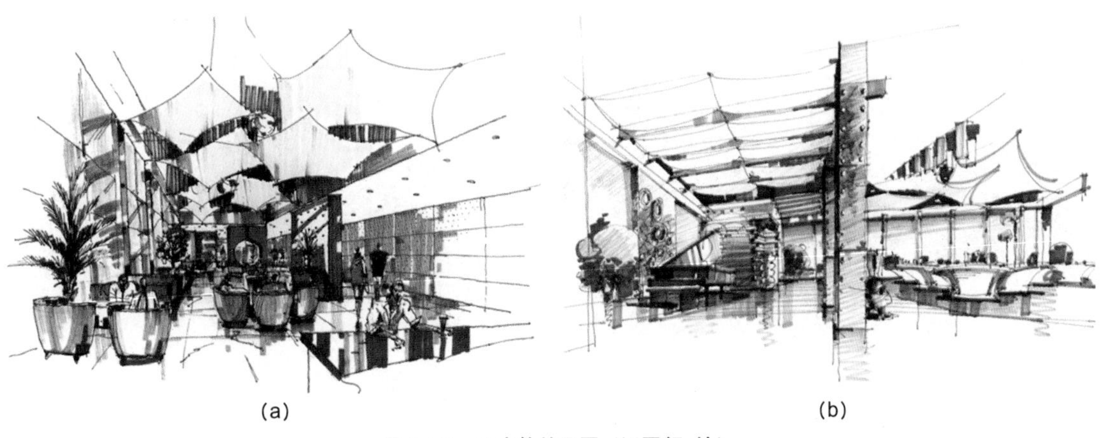

(a) (b)

图6-1-7 马克笔效果图（温国舒 绘）

图6-1-8　马克笔效果图（从鹏等　绘）

图6-1-9　马克笔效果图（赵　杰　绘）

(a)

(b)

图6-1-10　马克笔效果图（陈红卫　绘）

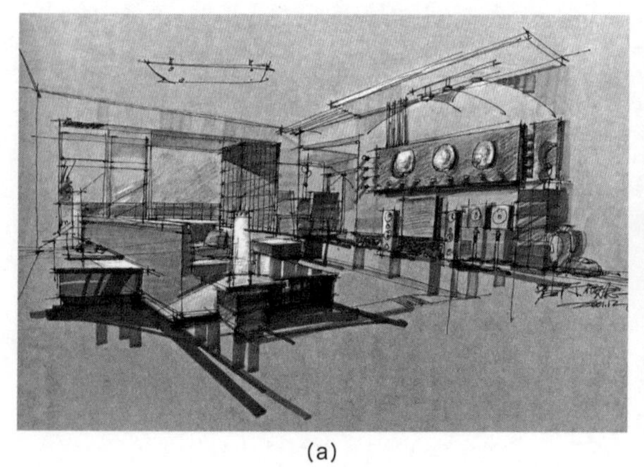

(a)

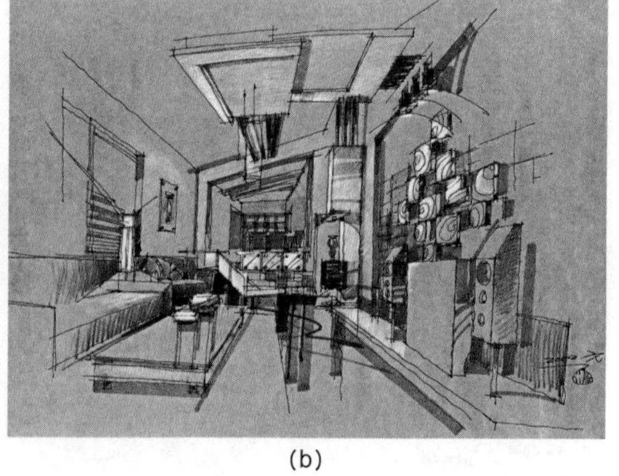

(b)

图6-1-11　色纸马克笔效果图

(a)

(b)

图6-1-12　马克笔效果图（张　林 绘）

图6-1-13　马克笔效果图

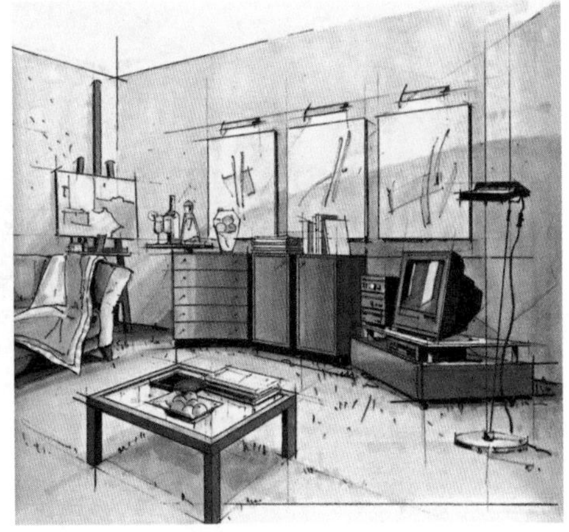

图6-1-14　淡彩效果图

(a)

(b)

图6-1-15　淡彩效果图

（a）（郑曙旸 绘）

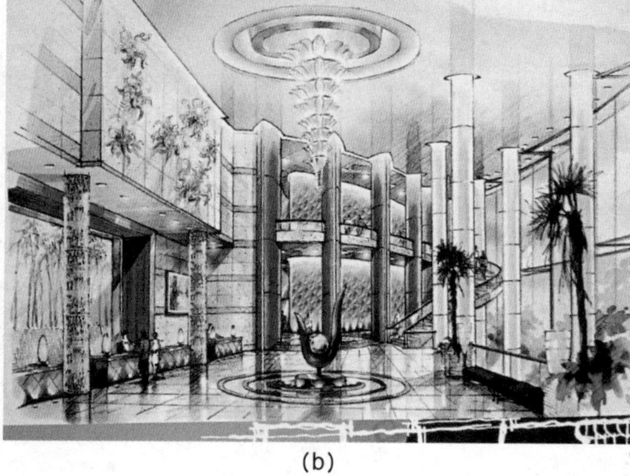
（b）

图6-1-16　淡彩效果图

（a）

（b）

图6-1-17　淡彩效果图（日本）

图6-1-18　淡彩效果图

图6-1-19　水粉效果图（周长亮 绘）

(a)

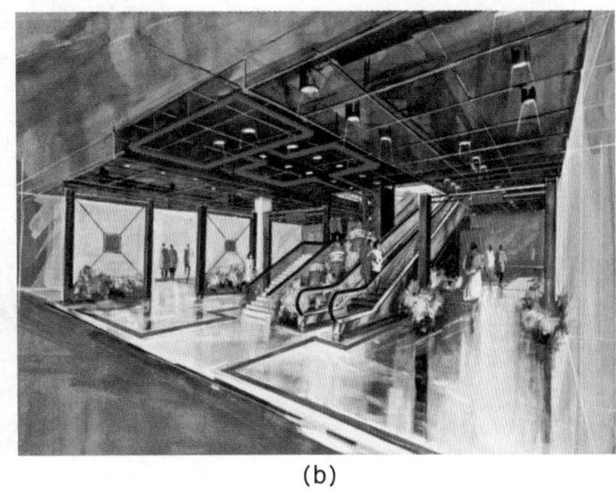

(b)

图6-1-20 水粉效果图（周长亮 绘）

图6-1-21 水粉效果图（周长亮 绘）

图6-1-22 水粉效果图（周长亮 绘）

图6-1-23 水粉效果图（周长亮 绘）

图6-1-24 水粉效果图（周长亮 绘）

图6-1-25　水粉效果图（张　林　绘）

图6-1-26　水粉效果图（张　林　绘）

第二节　室内设计实践案例

一、居住建筑室内设计（公寓、住宅、别墅、商住楼）（见图 6-2-1 ～图 6-2-24）

图6-2-1　时尚、现代的餐厅空间设计

图6-2-2　卧室景观设计

图6-2-3　居住空间通透楼梯设计

图6-2-4　居住空间通透楼梯设计

图6-2-5 中国传统家具在居住空间中的应用

图6-2-6 古朴、大方的家庭酒吧设计

图6-2-7 时尚、现代的餐厅空间设计

图6-2-8 窗子作为风景画框尽收眼底

图6-2-9 像是一般的风景，给设计带来无限的景观

图6-2-10 窗子作为风景画框尽收眼底

图6-2-11　轻松、明朗、舒适的工作室1

图6-2-12　轻松、明朗、舒适的工作室2

图6-2-13　古朴实用的餐饮空间设计

图6-2-14　古朴实用的卧室空间设计

图6-2-15　空间中带有传统纹样几何形体的搭构，彰显设计师的创意

图6-2-16　空间中带有传统纹样几何形体的搭构，彰显设计师的创意

图6-2-17　空间中带有传统纹样几何形体的搭构，彰显设计师的创意

图6-2-18　空间中带有传统纹样几何形体的搭构，彰显设计师的创意

图6-2-19　概念创意是设计的灵魂

图6-2-20　概念创意是设计的灵魂

图6-2-21　概念创意是设计的灵魂

图6-2-22　概念创意是设计的灵魂

图6-2-23　现代、理性、自由的客厅空间设计

图6-2-24　古朴、典雅的欧式风格设计

二、办公建筑室内设计（办公楼、教育机构、公司）（见图6-2-25～图6-2-52）

图6-2-25　上海威斯汀酒店商务楼门厅设计

图6-2-26　上海威斯汀酒店商务楼门厅设计

图6-2-27　上海威斯汀酒店商务楼门厅设计

图6-2-28　日本美术馆前厅检索功能空间设计

图6-2-29　上海同济大学综合楼中庭顶棚空间设计

图6-2-30　上海同济大学综合楼中庭空间设计

图6-2-31　上海同济大学综合楼空中花园设计

图6-2-32　上海金茂凯悦酒店商务楼中庭空间设计

图6-2-33　上海金茂凯悦酒店商务楼中庭空间设计

图6-2-34　上海金茂凯悦酒店商务楼局部设计

图6-2-35 上海金茂凯悦酒店商务楼中庭扶梯空间设计

图6-2-36 上海金茂凯悦酒店商务楼艺术长廊空间设计

图6-2-37 上海金茂凯悦酒店商务楼天桥空间设计

图6-2-38 上海金茂凯悦酒店商务楼艺术长廊休息区设计

图6-2-39 上海金茂凯悦酒店商务楼中庭空间设计

图6-2-40 上海金茂凯悦酒店商务楼健身空间设计

(a)

(b)

图6-2-41　办公会议中心空间设计

图6-2-42　纽约巴特里公园金融中心的冬季花园

图6-2-43　英国东安吉拉大学视觉艺术中心

图6-2-44　纽约索民广场大楼雕塑投影效果

图6-2-45　充分运用装饰材料的肌理效果

图6-2-46　有着开敞、明亮特点的会议中心

图6-2-47　法国克斯茨咖啡馆，后现代主义的表现

(a)

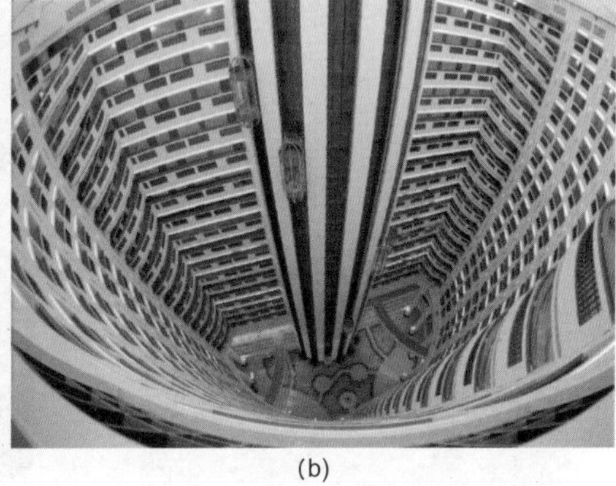

(b)

图6-2-48　济南山东会堂中庭

(a)

(b)

图6-2-49　济南山东会堂会议室

图6-2-50 日本东京市政大楼门厅

图6-2-51 日本东京市政大楼门厅装饰雕塑

图6-2-52 日本东京市政大楼门厅装饰墙面

三、商业建筑室内设计（商场超市、餐厅饮食场所、宾馆酒店、娱乐场所）

（见图6-2-53 ～图6-2-87）

(a)

(b)

图6-2-53 阿拉伯联合酋长国迪拜帆船酒店过厅空间设计

图6-2-54 迪拜帆船酒店多功能厅空间设计

图6-2-55 迪拜帆船酒店戏水池空间设计

图6-2-56　迪拜帆船酒店总统套房空间设计

图6-2-57　迪拜帆船酒店总统套房空间设计

图6-2-58　迪拜帆船酒店总统套房空间设计

图6-2-59　迪拜帆船酒店总统套房卫生间设计

图6-2-60　上海金茂凯悦酒店过厅空间设计

图6-2-61　上海金茂凯悦酒店餐厅空间设计

图6-2-62　上海金茂凯悦酒店酒吧空间设计

图6-2-63　上海金茂凯悦酒店中庭空间设计

图6-2-64　上海金茂凯悦酒店中餐厅空间设计

图6-2-65　上海金茂凯悦酒店中餐厅空间设计

(a)

(b)

图6-2-66　上海金茂凯悦酒店过廊、西餐厅空间设计

图6-2-67　上海波特曼大酒店大堂空间设计

(a)

(b)

图6-2-68　上海波特曼大酒店大堂空间设计

图6-2-69　上海威斯汀大酒店中庭柱饰设计

图6-2-70　上海威斯汀大酒店过厅设计

(a)

(b)

图6-2-71　上海威斯汀大酒店服务台设计

图6-2-72 上海威斯汀大酒店餐厅入口设计

图6-2-73 上海威斯汀大酒店西餐厅设计

图6-2-74 上海威斯汀大酒店餐厅入口设计

图6-2-75 上海威斯汀大酒店餐厅入口设计

图6-2-76 上海威斯汀大酒店卫生间设计

图6-2-77 朴素、简洁、大方的酒吧

图6-2-78 餐厅弧形墙面的壁画，使空间富有生机

(a)

(b)

图6-2-79　济南鱼翅皇宫酒店

图6-2-80　日本东京皇宫外苑西餐厅钢结构装饰处理

图6-2-81　日本东京大饭店餐厅服务台设计

图6-2-82　日本东京大饭店餐厅过廊灯光设计

图6-2-83　日本东京购物中心中庭设计

图6-2-84　日本东京购物中心中庭设计

图6-2-85　日本东京商场精品店设计

图6-2-86　日本东京购物中心顶层餐厅环境设计1

图6-2-87　日本东京购物中心顶层餐厅环境设计2

四、公共建筑室内设计（文化场所、交通空间、博物馆）（见图6-2-88 ～图6-2-124）

(a)

(b)

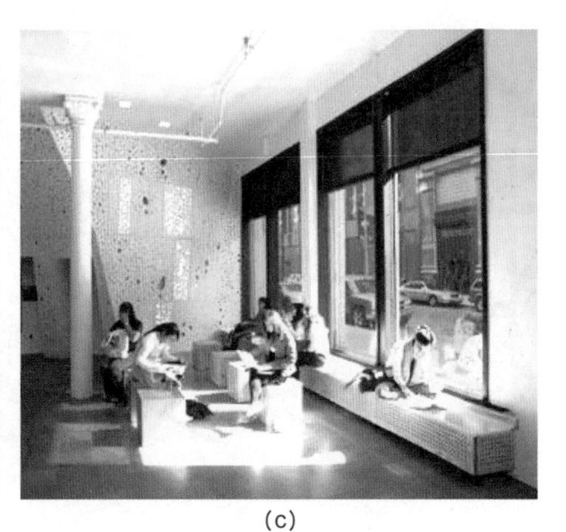

(c)

图6-2-88　纽约大学哲学部楼梯空间设计

(a)

(b)

图6-2-89　上海科技馆门厅科普内容展示简记

(a)

(b)

图6-2-90　上海科技馆中庭空间设计

图6-2-91　上海科技馆中庭餐饮空间设计

(a)

(b)

图6-2-92　上海科技馆楼层导向标识系列设计

图6-2-93 上海科技馆楼层导向标识系列设计

图6-2-94 上海科技馆科普演示空间设计

图6-2-95 上海科技馆科普演示空间设计

图6-2-96 上海科技馆科普演示空间设计

图6-2-97 深圳音乐厅门厅空间设计

图6-2-98　深圳音乐厅门厅局部灯光设计

图6-2-99　深圳音乐厅门厅空间设计

(a)

(b)

(c)

图6-2-100　苏州博物馆过廊空间设计

图6-2-101　苏州博物馆楼梯空间设计

图6-2-102　苏州博物馆楼梯间墙面设计

图6-2-103 苏州博物馆展厅顶面空间设计

(a)

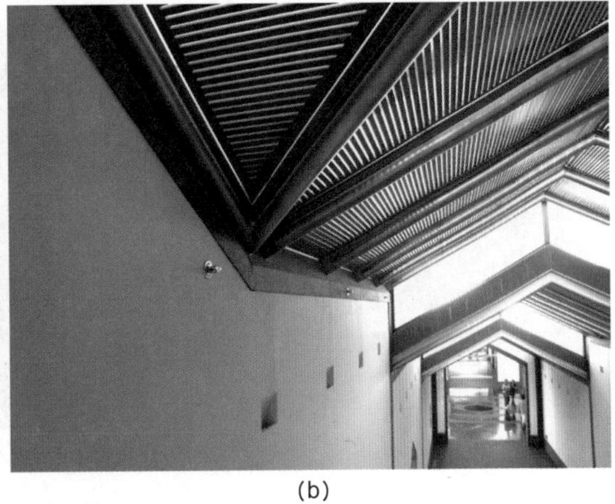

(b)

图6-2-104 苏州博物馆过廊顶面空间设计

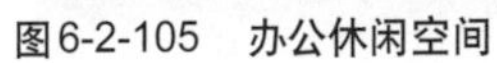

图6-2-105 办公休闲空间

图6-2-106 西班牙古根海姆博物馆

图6-2-107　日本大阪飞鸟时代历史博物馆

图6-2-108　日本鹿耳岛国际音乐厅

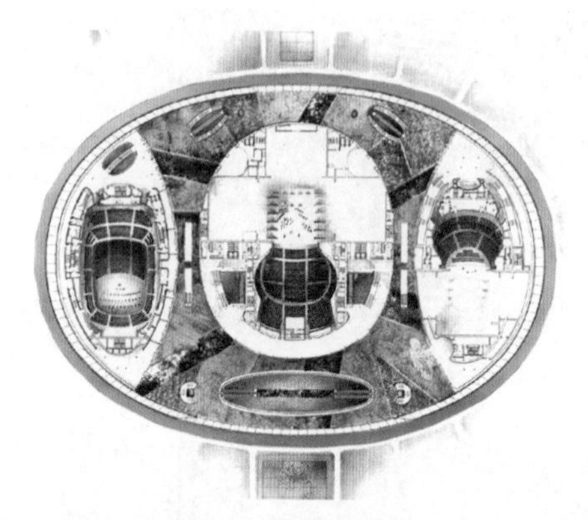
图6-2-109　北京国家大剧院平面图

图6-2-110　北京国家大剧院歌舞厅

图6-2-111　北京国家大剧院戏剧厅

图6-2-112　北京国家大剧院音乐厅

图6-2-113 东京成田机场休息环境设计

图6-2-114 北京国家大剧院长廊顶面设计

图6-2-115 北京国家大剧院主入口下沉空间设计

图6-2-116 北京中央美院美术馆中庭空间设计

图6-2-117 北京国家大剧院仰视一角

图6-2-118 北京国家大剧院中央大厅

图6-2-119 北京国家大剧院楼梯

图6-2-120　北京中央美院美术馆中庭上空设计1

图6-2-121　北京中央美院美术馆中庭上空设计2

图6-2-122　首都博物馆中庭上空设计

图6-2-123　首都博物馆展厅、坡道空间设计

图6-2-124　北京奥运村水立方“泡泡”空间设计

⊙本章要点、思考和练习题

本章进一步了解各类室内空间设计的经典之作，分析居住空间的设计、商业空间的设计、办公空间的设计、公共空间的设计四大部分中主要空间的设计实例。

1. 居住空间的设计要点主要有哪些？
2. 商业空间的设计要点主要有哪些？
3. 办公空间的设计要点主要有哪些？
4. 公共空间的设计要点主要有哪些？

参考文献

[1] 约翰 · 派尔. 世界室内设计史. 刘先觉，译. 北京：中国建筑工业出版社，2007.

[2] 史坦利 · 亚伯克隆比. 室内设计百年. 周家斌，译. 北京：中国文联出版社，2007.

[3] 弗朗西斯. 室内设计图解. 乐民成，译. 北京：中国建筑工业出版社，1992.

[4] 张绮曼，郑曙旸. 室内设计资料集. 北京：中国建筑工业出版社，1991.

[5] 陈易，陈永昌，辛艺峰. 室内设计原理. 北京：中国建筑工业出版社，2006.

[6] 李砚祖. 环境艺术设计. 北京：中国人民大学出版社，2005.

[7] 周长积. 空间 · 精神. 北京：中国外文出版社，2004.

[8] 邓炎. 建筑艺术论. 2版. 合肥：安徽教育出版社，1999.

[9] 包林. 设计时代——艺术的转向. 石家庄：河北美术出版社，2002.

[10] 马怡西. 设计时代——迷失的中国本土设计师. 石家庄：河北美术出版社，2002.

[11] 李必瑜，魏宏扬，覃琳. 建筑构造（上册）. 6版. 北京：中国建筑工业出版社，2019.

[12] 刘建荣，翁季，孙雁. 建筑构造（下册）. 6版. 北京：中国建筑工业出版社，2019.

[13] 王立雄. 建筑节能. 北京：中国建筑工业出版社，2004.

[14] 薛健，周长积. 装修构造与做法. 天津：天津大学出版社，1998.

[15] 周长积，张玉明，周长亮. 室内环境与设备（室内分册）. 北京：中国建筑工业出版社，2006.

[16] 周长亮. 室内装修材料与构造. 3版. 武汉：华中科技大学出版社，2013.

[17] 龚锦，曾坚. 人体尺度与室内空间. 天津：天津科学技术出版社，1987.

[18] 杨耀. 明式家具研究. 北京：中国建筑工业出版社，1988.

[19] 濮安国. 明清家具. 上海：上海人民美术出版社，1988.

[20] 照明系统设计. 杜异. 北京：中国建筑工业出版社，1999.

[21] 家具设计. 梁启凡. 北京：中国轻工业出版社，2000.

[22] 田卫平. 现代装饰艺术. 哈尔滨：黑龙江美术出版社，1995.

[23] 于美成，田卫平，张大祥. 壁画与壁画创作. 哈尔滨：黑龙江美术出版社，1993.